姬松茸栽培技术

王 波 鲜 灵 编著

金盾出版社

内 容 提 要

姬松茸是一种珍稀食、药兼用菇。本书比较详细地介绍了姬松茸的营养价值与药用价值、生物学特性、菌种培制、栽培方法、产品加工，以及病虫害防治等方面的知识和技术。全书内容系统，语言通俗，方法具体，技术实用，便于学习和操作。可供食用菌种植者、科研、教学和医药开发人员学习参考。

图书在版编目(CIP)数据

姬松茸栽培技术/王波，鲜灵编著．—北京：金盾出版社，2001.5

ISBN 7-5082-1535-4

Ⅰ．姬…　Ⅱ．①王…②鲜…　Ⅲ．①药用植物：菌类植物-栽培②姬松茸-栽培　Ⅳ．S567.3

中国版本图书馆 CIP 数据核字(2001)第 07292 号

金盾出版社出版、总发行

北京太平路 5 号(地铁万寿路站往南)

邮政编码：100036　电话：68214039　83219215

传真：68276683　网址：www.jdcbs.cn

彩色印刷：北京精彩雅恒彩印有限公司

黑白印刷：北京金盾印刷厂

装订：明珠装订厂

各地新华书店经销

开本：787×1092 1/32　印张：6.125　彩页：4　字数：132 千字

2006 年 12 月第 1 版第 3 次印刷

印数：21001—22000 册　定价：6.50 元

适收的姬松茸

姬松茸原种

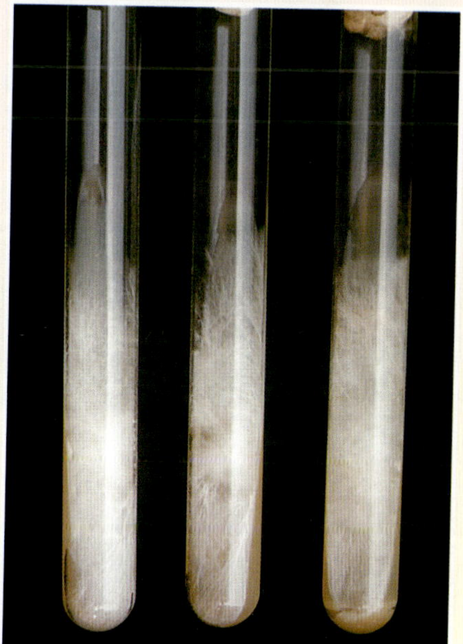

姬松茸母种

姬松茸出菇形态

发酵好的姬
松茸培养料

栽培姬松茸
的塑料大棚

加盖遮阳网的姬松茸栽培塑料大棚

用熟料栽培的姬松茸

用床架栽培的姬松茸

田间栽培菇棚

田间破土而
出的姬松茸

采收姬松茸

姬松茸盐渍
加工设备

前　言

姬松茸，又叫巴西蘑菇。原产于巴西和秘鲁，在美国也有分布。我国至今未见有关于这种野生菇的记载。日本三重大学医学部经过详细研究，发现姬松茸具有较好的药用效果，对肿瘤的抑制率最高可达100%，姬松茸提取物中所含的甘露聚糖，对治疗肿瘤、腹水和痔疮，以及增强体质等方面都具有神奇的功效，因而受到人们的极大关注。在日本，它被称为"神奇的姬松茸"，将它作为一种保健菇加以食用，并开发出了系列保健食品。

我国于1991年从日本引进了姬松茸菌种，经栽培试验成功后，在全国推广种植，其产品已出口到日本。笔者于1987年到日本学习食用菌生产技术期间，参观了日本的姬松茸栽培工厂，回国后开展了姬松茸栽培试验。根据试验研究和推广应用情况，参考国内外有关文献资料，编写成了这本书。在此向所有提供文献资料的作者，表示衷心的感谢。此外，周继杰先生提供了部分彩色照片，也一并表示感谢。

该书比较详细地介绍了姬松茸的经济价值，生物学特性，制种技术，各种栽培模式和方法，以及产品加工技术等，可供科研、教学、医药开发者和生产者参考。由于作者水平有限，书中错漏和不足之处在所难免，敬请各位读者不吝赐教。

编著者

2001年5月

目　录

一、概 述

姬松茸(Agaricus blazei Murrill),又叫巴西蘑菇。原产于巴西和秘鲁,在美国加利福尼亚州和佛罗里达州的海边草地上也有分布。在我国未见有关于野生姬松茸的报道。1965 年日裔古本隆寿在巴西采到一种野生菇,并把菌种送予日本三重大学农学部的岩出亥之助教授。这位教授经过几年的栽培试验,取得了成功,将它取名为“姬松茸”,并进行小规模的栽培。与此同时,三重大学医学部对其药效进行了研究,发现它的药用价值较高,具有较强的抗肿瘤活性,对肿瘤的抑制率可达 100%,特别是对腹水癌有较好的治疗作用。另外,它对多种疾病,也有较好的疗效。在日本,人们称它为神奇、奇特的姬松茸。在临床上,它被用于治疗癌症、痔疮、香港脚、糖尿病、神经病和肝病,以及作为增强体质的保健品。于是在日本,姬松茸作为一种食用保健菇,以及用它的提取物为主要原料所制成的各种产品,如贵茸液、贵茸锭、贵茸露和姬松茸颗粒冲剂等制品,受到了人们的普遍欢迎。

在我国,姬松茸引进始于 1991 年。1991 年四川省农业科学院食用菌开发研究中心的鲜明耀副研究员,赴日本考察时,从日本带回了姬松茸菌种,当年便开展了栽培试验,摸索出了一套适合我国条件的栽培技术。1992 年,福建省农科院植保所和土肥所也引进了该菌种,并对其生物学特性和栽培技术进行了详细的研究。1994 年,福建省进行了姬松茸的小规模生产,其产品主要出口日本。随后,它很快被推广到全国各地,并开发出了多种栽培方式,使生产量不断增大。在四川省,除生产出干品出口日本外，还有盐渍产品在国内市场上销售。

姬松茸是一种食、药兼用的菇类。还有待于进一步推广和开发利用，扩大销路，提高产量和加工产品质量，以进一步发挥其药用保健价值。

二、姬松茸的经济价值

（一）营养价值

姬松茸鲜菇的含水量为85%～87%。每100克干菇中，粗蛋白质含量为40%～50%，糖分为38%～45%，纤维素为6%～8%，粗脂肪为3%～4%，粗灰分为5%～7%。但由于产地不同，姬松茸的营养成分上也存在差异（表1）。

表1　姬松茸子实体营养成分

成　分	含　量(%)		成　分	含　量(%)	
	中国产	日本产		中国产	日本产
粗蛋白	36.8	43.19	硫胺素	0.32毫克/100克	0.3毫克/100克
粗脂肪	2.40	3.73	核黄素	3.6毫克/100克	3.2毫克/100克
粗纤维	6.50	6.73	烟　酸	18.9毫克/100克	49.2毫克/100克
糖　质	40.20	41.56	甾　醇	117毫克/100克	100～200毫克/100克
灰　分	7.10	5.54			

姬松茸的蛋白质含量除低于双孢蘑菇（含蛋白质47.42%）外，均高于其他食用菌，如香菇、平菇、金针菇、灰树花、木耳、银耳和松茸等。

据种藏文等(1999)报道，姬松茸子实体中含有18种氨基酸，总量为30.87%，其中人体必需氨基酸占总氨基酸的42.8%(E/T=0.387)。杨梅等(1998)报道，姬松茸干菌丝体中氨基酸含量为21.37%，其中必需氨基酸占氨基酸总量的

39.7%(表 2)。可见子实体中氨基酸含量高于菌丝体。

表 2　姬松茸的氨基酸成分含量　(%)

氨基酸	含量		氨基酸	含量	
	子实体	菌丝体		子实体	菌丝体
天门冬氨酸	2.806	2.130	蛋氨酸	1.798	0.44
苏氨酸	1.460	1.133	异亮氨酸	1.596	0.972
丝氨酸	1.470	1.114	酪氨酸	0.962	1.051
谷氨酸	7.041	2.839	苯丙氨酸	1.142	1.007
脯氨酸	0.742	0.764	赖氨酸	1.641	1.209
甘氨酸	1.450	0.874	色氨酸	0.381	0.167
丙氨酸	2.102	1.313	组氨酸	0.593	0.508
胱氨酸	0.183	0.966	精氨酸	1.844	1.268
缬氨酸	1.427	2.088			

注:1. 子实体氨基酸含量情况引自种藏文．食用菌学报．1999.6(2)

2. 菌丝体氨基酸含量情况引自杨梅等．食用菌．1998.2

矿质元素是姬松茸的重要组成成分,在总灰分中,钾的含量最高,占一大半。在姬松茸的矿质元素中,引人注目的锗含量只有 28×10^{-9},含量极低。不同产地的姬松茸,其矿质元素含量也存在差异。

(二)药用价值

姬松茸中的药效成分比较丰富。它含有脂肪酸、多糖类、核酸、外源凝集素和甾醇类等药效物质。在姬松茸菌盖脂质中,组成其脂肪酸的总脂质、中性脂肪和磷脂,都是以亚油酸为主体,不饱和脂肪酸的含量高。不饱和脂肪酸具有降低胆固醇和抗血栓活性等功效。从姬松茸子实体、菌丝体和培养液中提取的多糖，都具有显著的抗肿瘤活性。从姬松茸中分离出的红血球凝集素（两种外源凝集素），其中有一种对人的红细胞凝集，没有血型的特异性，在室温到65℃下稳定。两种外源凝集素（ABL），具有宿主中介的抗肿瘤活性。从姬松茸中单独分离出的6种甾醇，已发现其中有3种对子宫颈癌细胞（Hela细胞）有抑制细胞增殖的作用。

由于姬松茸中含有较丰富的良好药效物质，因而在防治疾病、维护健康中，表现出良好的药理作用。它具有较强的抗癌作用。

姬松茸子实体经热水提取所得到的粗多糖，无论是通过腹腔注射，还是口服，都有显著抑制小白鼠肉瘤-180的作用。腹腔注射粗多糖，最高抑制率可达100%；口服粗多糖的，最高抑制率可达99.9%。可见从姬松茸子实体中提取的粗多糖，具有显著的抗癌作用。利用化学方法精制出多糖物质（高分子精多糖、甘露聚糖），对肿瘤抑制率虽不及粗多糖高，但最高的也可达94.0%。姬松茸中的多糖，对用X射线照射治癌有协同作用。姬松茸子实体、菌丝体和培养液中多糖的抗肿瘤活性，比云芝（PS-K）、猪苓、灵芝、酵母聚糖强。姬松茸子实体、菌丝体和培养液中的多糖，对肿瘤的抑制率可达到99.5%～100%，而云芝对肿瘤的抑制率为99.3%，猪苓的抑制率为88.7%，灵芝的抑制率为83.3%，酵母聚糖的抑制率为81.4%。

姬松茸不仅能抑制肿瘤，同时也具有防御癌细胞生长的作用。通过对移植了癌细胞的小白鼠给予姬松茸多糖，使其癌细胞消失后再移植入癌细胞，结果癌细胞无法再生长。姬松茸多糖对白血病也具有一定的疗效。对患有白血病（P.388）的小白鼠，给予姬松茸多糖，结果它的寿命延长率为25%。

姬松茸对成年人的其他疾病，也有良好的疗效。它具有活化胃肠蠕动、强心、壮体、抑制肝脏障碍性疾病、降低胆固醇和抗疲劳等作用，因而可预防和治疗糖尿病、便秘、痔疮等一些成年人疾病，维护身体健康，延年益寿。比如姬松茸中含有丰富的能降低胆固醇的亚油酸，可用于治疗由动脉硬化引起的高血压病。

三、姬松茸的生物学特性

(一)分类地位及形态特征

姬松茸,又叫巴氏蘑菇和巴西蘑菇。臧穆(1999)认为,姬松茸还可称为抗癌松茸和佛罗里达蘑菇等。

在分类上,姬松茸隶属于真菌门,担子菌纲,伞菌目,蘑菇属。学名为:Agaricus blazei Murrill。

在我国所称的姬松茸,来自日文中ヒメマツタケ的汉语发音,臧穆(1999)考证其种名的来源,是为了纪念采集人 W. Blaze 而命名的,认为将此称为巴氏蘑菇较妥。但是在我国,人们已习惯称它为姬松茸。

1. 子实体形态特征

姬松茸菌盖直径为 7～10 厘米,中央微凸,干后呈深金黄色,表面有纤细的金色鳞片,菌肉干后厚 1.1 厘米或更大。菌盖表面不甚光滑。菌褶初为白色或乳白色,成熟后变为褐色至深咖啡色。褶宽 3～5 毫米,离生。菌柄柱状,等粗,柄高约5.5 厘米,基部微有臼状膨大,与菌盖边缘有絮状物衔接。菌柄表面有纤维状覆盖物与盖同色(初为白色,后乳白色),柄中有空腔。菌环膜质,位于上端,金黄色,菌盖的菌肉菌丝呈平行列,菌丝粗 3～6 微米,担子为 5.5～7.5 微米×15.2～20 微米,顶具四小柄,未见囊状体,担孢子为 5.5～7 微米×4.5～5.3 微米,卵圆形,或椭圆形,深褐色,无芽孔。

2. 菌丝形态特征

姬松茸菌丝灰白色，粗壮，成线状，有时有索状菌丝。菌丝为管状，有横隔，分枝。双核菌丝具锁状联合，每个细胞内含2个核。单核菌丝是由1个孢子萌发而成的，菌丝的外观形态与双核菌丝无明显区别。单核菌丝无锁状联合，每个细胞内只有1个核。单核菌丝不结实，不能作菌种使用。只有双核菌丝才结实，是生产菌种用的菌丝体。

3. 子实体生长发育过程

双核菌丝生长量达到一定时，在外界条件适宜的情况下，就扭结形成原基，原基为白色点状，随后原基分化发育成子实体。初期子实体为卵圆形，肉质。随着子实体的生长壮大，出现菌盖和菌柄之分，菌盖为红褐色，柄白色。随着菌盖展开成半圆形，菌褶裸露出来，并变为深咖啡色，孢子开始弹射出来。孢子弹射结束后，子实体就萎缩腐烂。

(二)生长发育条件

1. 营　养

姬松茸是一种草腐菌。生长所需的营养大致可分为碳源、氮源、矿质元素和生长因子等。其中碳源和氮源为主要营养物质。

(1)碳　源

碳源又叫碳素营养物质。适宜于姬松茸生长的碳源，有葡萄糖、蔗糖、麦芽糖、木糖、乳糖、淀粉和蜜糖等。其中以蔗糖、麦芽糖和葡萄糖为好，对乳糖和木糖的利用效果较差(表 3)。在生产子实体时，所要提供的碳素营养物质，主要为稻草、麦草和棉籽壳等，并要经过堆制发酵后，才能被利用。

表 3　不同碳源与姬松茸菌丝生长的关系

碳　源	菌丝长速(毫米/日)	长　势	菌丝生长情况
葡萄糖	1.56	+++	菌丝密，粗壮
蔗　糖	1.68	++++	菌丝浓密，气生菌丝旺盛，粗壮
麦芽糖	1.88	++++	菌丝浓密，气生菌丝旺盛，粗壮
木　糖	0.94	++	菌丝较稀，粗壮
乳　糖	0.63	+	菌丝稀，不整齐，生长慢

(2)氮　源

氮源又叫氮素营养物质。姬松茸生长可利用的氮源有蛋白胨、酵母膏、牛肉膏、硫酸铵〔$(NH_4)_2SO_4$〕、甘氨酸、氯化铵(NH_4Cl)、豆饼粉、麸皮和玉米粉等。其中以硫酸铵、蛋白胨、甘氨酸为最好，对酵母膏的利用效果较差(表 4)。据江枝和等(1996)报道，姬松茸菌丝生长的较好氮源，为硫酸铵、氯化铵和豆饼粉，其次为花生饼和麸皮，对玉米粉的利用效果较差。但用玉米粉作氮源时，菌丝扭结最多，其次为用麸皮和硫酸铵作氮源时，菌丝扭结也比较多。而用氯化铵和豆饼粉作氮源时，菌丝则不扭结。在生产上常用家畜粪、菜籽饼粉、尿素和硫酸铵作氮源，与提供碳源的原料混合，组成生长基质，经堆制发酵处理后，用以栽培姬松茸子实体。

表 4 不同氮源对菌丝生长的影响

氮 源	菌丝长速（毫米/日）	长 势	菌丝生长情况
蛋白胨	1.6	+++	菌丝浓密，生长旺盛，粗壮
酵母膏	0.8	++	菌丝浓密，粗壮，生长较慢
牛肉膏	1.2	+++	菌丝浓密，粗壮，生长稍慢
硫酸铵	1.8	++++	菌丝浓密，粗壮，生长快
甘氨酸	1.5	++++	菌丝生长浓密，粗壮，生长快

(3)矿质元素

矿质元素又叫无机盐。姬松茸生长还需吸收利用一些矿质元素，如钾、磷、镁、钙、铁、锌和锰等元素，其中尤以磷、钾、镁三元素最重要。这些元素，有的是构成细胞的成分，有的作为酶的组分，有的起调节细胞的渗透压等作用，是细胞代谢中不可缺少的活化剂。在生产上，常用的无机盐类物质主要有磷酸氢二钾、磷酸二氢钾、硫酸镁、硫酸钙、硫酸亚铁、硫酸锌、氯化锰、碳酸钙和过磷酸钙等。

此外，姬松茸还具有富镉的作用。据李开本、陈体强等(1999)报道，在检测姬松茸产品质量时，发现干样品中镉的含量普遍超标，在子实体中镉的含量普遍较高，达到 13.0～23.1 微克/克。试验表明，富镉与栽培原料和覆土无关，系其本身富集镉元素的生物学特性所致。

(4)生 长 素

姬松茸在生长发育过程中，需要某些生长素参与代谢活动，如硫胺素、核黄素、泛酸、叶酸、烟酸和吡哆醇等生物素。姬松茸生长时，虽然对这些物质的需要量极少，但也不可缺少，一旦缺少，就会影响正常生长发育。其中以硫胺素最为重要。

因姬松茸自身不能合成，故需从外界吸收利用。这些生长素，一般在栽培原料中都含有，不必另外添加，就能满足其生长需要。此外，姬松茸子实体的形成，需要土壤中一些有益微生物产生的代谢产物作诱导，才能分化形成子实体。因此，栽培姬松茸时，一定要覆盖土壤，这样才能保证出菇。

2. 生长环境条件

姬松茸的菌丝生长和子实体的生长发育，均受外界条件的影响，如温度、湿度、光照、空气和酸碱度等。

(1)温　度

菌丝生长的温度范围为15℃～32℃，最适温度为22℃～26℃，在29℃时，菌丝生长最快，但易老化。在10℃以下和35℃以上时，菌丝生长缓慢，超过45℃时，菌丝就会死亡。姬松茸子实体生长发育的温度范围为16℃～33℃。随着温度的升高，其从原基形成到子实体成熟所需时间会缩短。在25℃以上时，子实体生长快，从原基形成到采收只需5～6天，但菇体小，柄细，盖薄，易开伞。在18℃～22℃下时，长出的子实体柄粗，盖厚，不易开伞。因此，该温度范围为子实体生长的最适温度。

(2)水分与湿度

水分是指培养料中的含水量。培养料含水量在60%～72%范围内，姬松茸都能生长，其中以含水量70%为最好。据江枝和等(1996)报道，料水比为1∶1.6至1∶2.6时，姬松茸都能生长和出菇。其中料水比为1∶2.4时，菌丝生长最快，扭结最多，其次是料水比为1∶2.2。当料水比超过1∶2.6时，就会造成通气不良，菌丝生长速度减慢，扭结极少(图1)。

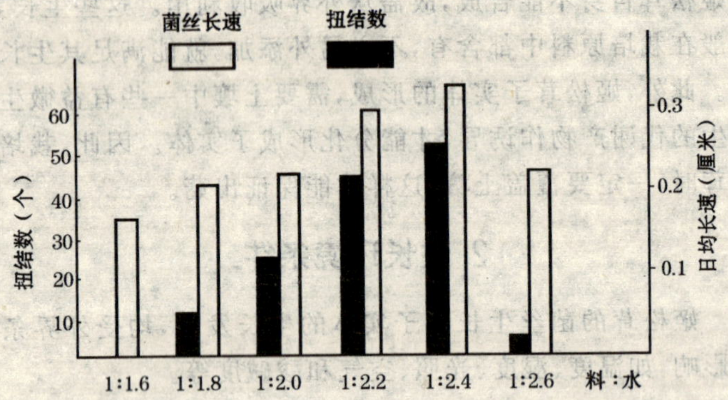

图 1　不同水分对菌丝生长及扭结的影响

〔引自江枝和．食用菌学报．1996.3(3)〕

子实体生长发育期间，适宜的空气相对湿度为 70%～75%。由于栽培姬松茸需要覆盖土壤，只要土壤呈湿润状态，即使环境中空气相对湿度较低，也能从土壤中吸取水分来满足生长。菌床上的湿度，主要是通过土壤中的水分来调节的。但当相对湿度超过 95%时，子实体就易出现病害。

(3)光　线

菌丝生长期间，不需要光照，因为光线对菌丝生长有抑制作用。但子实体的形成和生长发育，则需要散射光照。光线暗，会长成畸形菇，但强烈的光照虽对子实体生长无影响，却易失水干燥，因此这两种情况都要加以避免。

(4)空　气

姬松茸是一种好气性真菌。在菌丝生长期间，对氧气需求量少，但培养料通透性差，氧气严重不足时，会抑制菌丝生长，降低生长速度。而在子实体发生期间，则需要氧气充足的条件。这样，姬松茸才能正常生长，长出的菇多。特别是覆土层的通透性，对子实体的形成有较大的影响，只有在通透性良好的土壤上，长出的子实体才多。子实体在生长发育阶段，若通气不良，二氧化碳浓度过高，就会长成畸形菇。

(5)酸 碱 度

菌丝生长的 pH 值范围为 3.5～8.5，最适 pH 值为 6.5～7.5，pH 值在 9.5 以上时，菌丝生长受到抑制。子实体形成的最适 pH 值为 6.5～7.5。pH 值在 4.5 以下和 pH 值在 7.5 以上时，形成的子实体数量减少(图 2)。覆土层的最适 pH 值为 7.0。

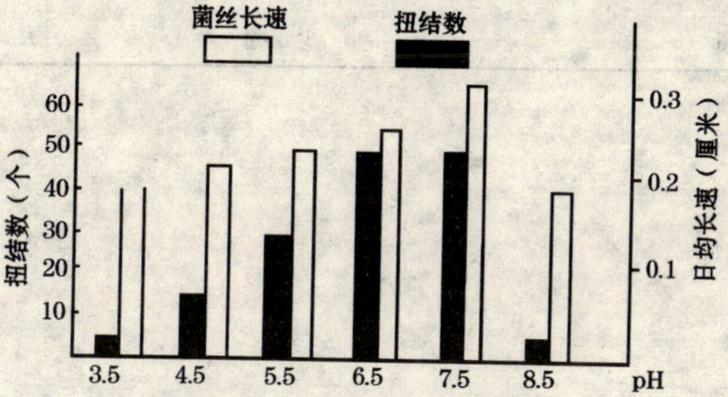

图 2 不同 pH 值对菌丝生长的影响

〔引自江枝和 食用菌学报，1996，3(3)〕

姬松茸生长的环境条件，是综合地对其生长起作用的，任何一个条件如果不能满足，姬松茸就不能正常生长。姬松茸生长的最佳条件如表 5 所示。

表 5　姬松茸生长的环境条件

条　件		菌丝生长	子实体生长
温度范围		10℃～32℃	16℃～33℃
最适温度		22℃～26℃	22℃～25℃
最适湿度	覆土水分	60%～65%	60%～65%
	空气湿度	60%～75%	70%～75%
pH 值范围		5.5～6.5	5.0～8.0
最适 pH	覆土层	7.0	7.0
	堆　料	6.5～6.8	6.5～6.8
换气量		少　量	大　量

四、制种技术

菌种是人工培育出来供进一步繁殖用的、并且是保存在培养基上的纯菌丝体。优质的菌种，菌丝生长快，整齐粗壮、浓密，无杂菌污染，抗逆性强，生产出的子实体产量高，质量好。使用优质的菌种，是生产上获得高产优质的关键。按生产方式的不同，菌种分为母种、原种和栽培种三种类型。母种又叫一级种和试管种。是取子实体上的组织块或孢子，放在培养基上萌发出来的菌丝体，并经过试验证明是优良的菌种。它是用来繁殖菌种的种源，是用试管装培养基培养的纯菌丝。因其体积小，数量少，故不能直接用于生产，只能作扩大繁殖菌种使用。母种又可分为原原种和传代种。原原种，是最初获得的纯菌丝体，是采取有效方法保藏，并严格控制传代次数的菌种，而且是保存在选育单位或专业菌种保藏机构的菌种。传代种，是由原原种转接多次培养出来的、供生产原种用的菌种。原种又叫二级种。是将母种转接到由农作物秸秆、棉籽壳、稻麦草等发酵或麦粒组成的培养基上繁殖而成的菌种。一般是用玻璃瓶装培养基培养的菌种。原种也是作扩大繁殖用的菌种，一般不作生产用菌种，但也可以直接出菇或作生产用菌种，只是数量较少，成本较高，不利于大面积生产。栽培种，又叫三级种。即是将原种转接到由农作物秸秆发酵后培养基或麦粒上繁殖的菌种，用玻璃瓶或塑料袋装培养基来生产的菌种。

一般一支母种可繁殖 4～5 瓶原种，每瓶原种又可繁殖 40～50 瓶栽培种，或 10 袋栽培种。

菌种生产流程如下：

组织分离 ┐
　　　　 ├→母种→┌原原种┐→原种→┌袋装菌种┐→栽
多孢分离 ┘　　　　└传代种┘　　　 └瓶装菌种┘

培种→播种栽培

（一）制种设施与设备

1. 制种室的布局与条件要求

由于菌种生产要求在无菌条件下进行接种操作，因此就需要有相应的生产设备和设施条件，并且布局要合理。只有这样，才能有效地控制杂菌污染，生产出优质的菌种，提高菌种的成品率。其具体要求是，既要因地制宜，又要科学合理，还要便于操作管理。

(1)配料场所

配料场所是配制培养基和进行装瓶或装袋作业的场所。要求地面平整，最好是水泥地面，以四面边缘稍高、中部较凹的为好。在这样的地面上拌料时，水分就不会向外流和向地下渗透，防止养分随水而流失。此外，还要求远离接种室，防止在拌料时原料中的粉末携带杂菌进入接种室内，造成接种时感染杂菌。

(2)灭 菌 室

灭菌室是放置灭菌设备的场所，离接种室要近，最好与冷却室和接种室相连在一起，使灭菌出来的料瓶或料袋直接进入冷却室内冷却后，再送入接种室内。这样灭菌出来的料瓶和料袋，因为没有与外界空气接触，就可有效地防止因外界空气中的杂菌附着在料瓶和料袋上，而产生杂菌污染。

(3)冷 却 室

冷却室是用来对灭菌出来的料瓶或料袋进行冷却的场所。要求能散热,因而需在窗口上安装排风扇,并安装微孔膜来过滤空气中的杂菌。有条件的还可在室内墙壁上安装吸热材料,来加快冷却。对于生产量少的菌种厂,可不设置专门的冷却室,可将接种室与冷却室合二为一,利用接种室来进行冷却。

(4)接 种 室

接种室是进行接种操作的场所。接种室要求密封性好,窗门应安装双层玻璃窗,门缝隙要小并安上海绵方条,以防止外界带菌空气进入接种室。接种室的空间容积不宜太大,以空间高度在 2.5 米左右、面积为 10 平方米为宜。如果空间太大,消毒困难,则难以达到无菌的要求。接种室的入口处,应是一个"Z"字形的通道,即在离外墙 1.5 米处设置一个内墙,内墙的上半部为玻璃墙,可透过玻璃直接观察到接种室内的情况;外墙入口处应与内墙入口错开。在内外墙之间便形成了一个人行道,这个人行道叫缓冲间,其作用一是防止外界空气直接进入接种室内,二是作更换衣服和鞋子的场所。在内墙顶部,安装 1 盏紫外线灯和 1 盏日光灯,缓冲间内也安装 1 盏紫外线灯。接种室内用砖砌一个工作台,或者放一张长条桌,在水泥台面上铺上白瓷砖。接种室内的杀菌处理,是在待接种的料瓶或料袋放入后,在前一天晚上开启紫外线灯或三氧杀菌机照射杀菌,同时用甲醛、高锰酸钾混合所产生的气体来进行熏蒸杀菌,或者用气雾消毒剂点燃后产生的气体来杀菌。每次接种后,去掉杂物,并用消毒剂来擦洗地面和台面,进行消毒。此外,室内不要放置其他杂物,使接种室内空旷,才便于杀菌处理。

(5)培 养 室

培养室是培养菌种的场所。要求干燥，能遮光，易调节温度。培养室空间不宜过大。空间过大，不利于调节温度、杀虫和进行杀菌处理。培养室内用于放置菌种的培养架，要根据菌种容器的大小来设计，用于放置瓶装菌种的培养架，用木材或钢材来制作。培养架宽为 60 厘米，层距为 50 厘米，培养架高为 180 厘米，培养架之间相距 70 厘米。若是用于放置菌种袋的，除可使用以上相同的培养架外，还可用竹竿来搭建培养架。所搭建的培养架，高为 200 厘米，宽为 13～15 厘米，上下层之间相距 30 厘米。在使用之前，要用杀虫剂和杀菌剂进行处理，以去除杂菌和害虫。

培养室的加热升温，除可使用空调和电炉外，还可在培养室内用煤炉来加热升温。用蜂窝煤炉加热升温的方法是：在室内放上炉子，炉上放置用铁皮制作的管道或铁管作烟道用，从室内的一端通过室内到另一端并穿出墙外，利用烟道散发的热来升温。或者用砖块砌的烟道来代替铁皮管道。利用一般煤炉加温的，要在培养室墙外一端建一个炉子，将烟道引入室内，从另一端通到墙外，也是利用烟道散热来升温。

2. 制种工具

(1)计量工具

有天平、克秤、量杯和量筒。

(2)容　器

有漏斗、漏斗架、试管、试管架和铝锅。

(3)接种工具

有手术刀或刀片、接种锄、接种铲和接种针等(图 3)。

手术刀或刀片，是用来分离菌种的工具。接种针是用来转接母种的，由接种棒和针构成的。接种棒则是从医药公司购买的，而接种针是由自己做的。制作接种针，以使用 1 500～2 000瓦的电阻丝为好，所制成的接种针其硬度和粗细比较符合要求。接种针的前端要弯曲成 90°的直角，针长为 5 厘米，弯曲部位长 0.5 厘米。没有接种针时，可用自行车辐条来制作，将其前端敲扁，使之形成一个接种铲。另用一根辐条，将其前端敲扁后，再弯曲成 90°角，使之成锄状。其用途是在转接母种时，将菌丝和培养基切割断，并挑取出菌种块。用于转接原种的接种锄，要用稍粗的辐条制作，可用三轮车的辐条来制作。用于转接栽培种的接种锄，则要用直径为 8 毫米的钢筋或不锈钢棒来制作。接栽培种和生产袋的接种锄，其长度为 28 厘米。

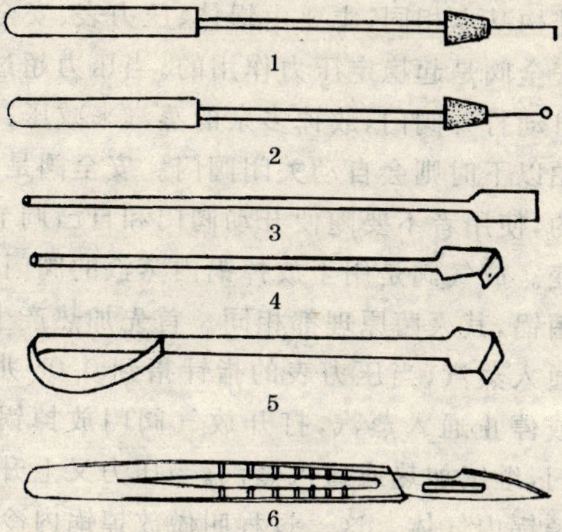

图 3　接种工具构造

1. 接种针　2. 接种环　3. 接种铲　4. 接种锄（转接原种用）　5. 接种锄（转接栽培种用）　6. 手术刀

3. 灭菌设备

（1）高压灭菌设备

高压灭菌设备，分为手提式灭菌锅和大型灭菌柜两类。手提式灭菌锅主要用于母种培养基的灭菌，而大型灭菌柜主要用于原种和栽培种生产时的料瓶或料袋的灭菌。高压容器的结构基本相同，主要由锅体、压力表、安全阀和放气阀等组成。安全阀是起稳定压力作用的。当压力超过0.147兆帕时，就会自动打开阀门，放掉多余的蒸汽来减压；当压力降到0.147兆帕以下时则会自动关闭阀门。安全阀是生产工厂已调制好了的，使用者不要随便开动阀门和自己调节，否则会出现压力改变。放气阀是用于放掉锅内蒸汽的阀门。两种不同大小的灭菌锅，其灭菌原理都相同。首先加热产生蒸汽，或向灭菌柜内通入蒸汽，当压力表的指针指到0.05兆帕时，即应停止加热或停止通入蒸汽，打开放气阀门放掉锅内气体，然后关闭阀门，继续加热或通入蒸汽。当压力又上升到0.05兆帕时，再放掉锅内气体。这一过程叫做放掉锅内冷空气的操作。若不放掉锅内冷空气，当压力到达0.138兆帕时，而温度却没有达到126℃，生产上称为“假压”。出现这种情况，就会造成灭菌不彻底。放掉冷空气的多少，直接与锅内的温度高低有关系，具体情况如表6所示。当安全阀门开始放气或压力达到0.147兆帕时，即应开始计时。因为培养基的成分和体积大小不同，灭

表6 冷空气排放量与锅内压力、温度的关系

压力(兆帕)	温度(℃)				
	完全排除	排除2/3	排除1/2	排除1/3	不排除
0.034	109	100	94	90	72
0.069	115	109	105	100	90
0.103	121	115	112	109	100
0.138	126	121	118	115	109
0.172	130	126	124	121	115
0.207	135	130	128	126	121

菌的时间也不一样。母种培养基的灭菌时间一般为40分钟，而原种和栽培种的灭菌时间要加长，瓶装培养基的灭菌时间为2小时，袋装培养基的灭菌时间为3小时。

(2)常压灭菌灶

常压灭菌灶，又叫土蒸灶。它结构简单，体积大，制作成本低，是用于生产栽培种和生产袋的灭菌设备。其构造和形态多种多样，下面分别介绍几种常见土蒸灶的结构和操作使用方法。

①砖和水泥制作的土蒸灶　土蒸灶又叫常压灭菌灶(图4)。是进行熟料栽培中不可缺少的消毒灶。灶体是用砖和水泥砌成或者用钢筋做灶体框架，浇筑水泥沙浆而成。后者不易出现裂纹而漏气。前者如果水泥质量不好或者标号低，灭菌时就会出现裂缝，造成漏气现象，使灶内温度不易上升到100℃，造成灭菌不彻底。因此，在制作时，要用质量好的水泥，并且在砖与砖之间要用沙和水泥填满，内外墙都要用沙和水泥包面，才能防止蒸裂出现漏气。

土蒸灶的规格：灶体的容积大小，应根据生产规模来定，但也不宜过大。体积太大，加热升温慢，灭菌时间长，容易造成灭菌不彻底。一般小型的能容纳500袋(规格为22厘米×43厘米的塑料袋装料)，大型的以能容纳1000袋为宜。灶体形状，有圆形和方形两种。圆形灶内温度较均匀。方体灶四个墙角处的温度较低，易造成灭菌不彻底，但堆码料袋方便，不易变形。一般装500袋的灶长和宽均为120厘米，高为140厘米；装量为1000袋的灶，长和宽均为180厘米，高也为180厘米。

土蒸灶的结构：土蒸灶主要由灶体、灶台、火炉、烟道、主锅和补水池等组成。

灶台，由火门和炉膛组成。火门为长方形，长为20厘米，

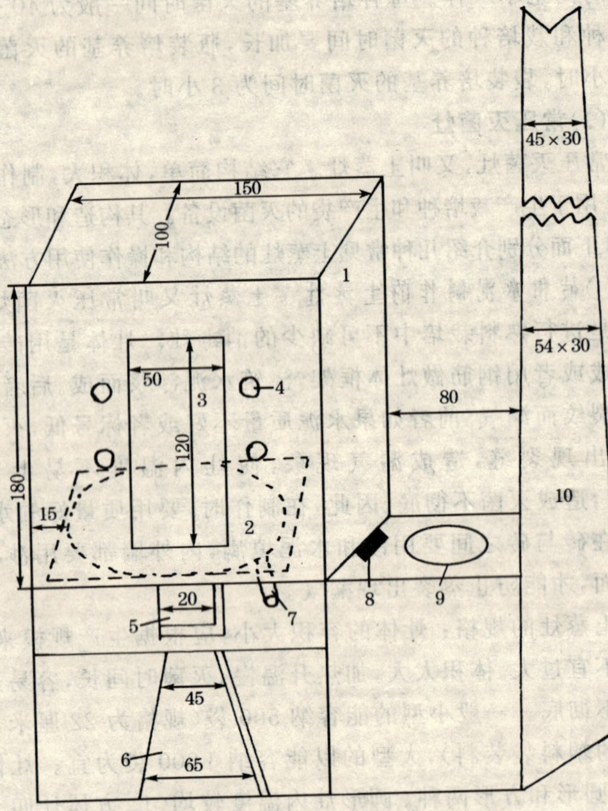

图 4　砖制土蒸灶结构示意图　（单位：厘米）

1. 灶体　2. 锅　3. 门　4. 门栓环　5. 灶膛门　6. 灶膛
7. 水位管　8. 进水口　9. 铁锅　10. 烟道

高为 18 厘米。在火门前设置一个小平台，宽为 3 厘米，用于放置挡火门的铁板。炉膛呈梯形，上窄下宽，上端宽为 45 厘米，下端宽为 65 厘米。灶面中央放置一口直径为 100 厘米的铁锅。

补水池，用来贮存热水，并向灶内补充用水。设置在灶体与烟道之间，长为 80 厘米，宽为 70 厘米，上方放一口直径为 30 厘米的铁锅。利用灶膛高温气体通过烟道时加热补水池中的水，然后再用热水向灶内锅中补充水，以防用冷水补充会使灶内温度下降。在补水池与灶体之间安装一节口径为 3 厘米的铁管，或者打一个直径为 4 厘米的孔，用于将补水池内的水输送到灶内锅中，防止锅内水被烧干。补水池高为 50 厘米，宽为 40 厘米。

灶体，是用来放置料袋的，为长方形或圆桶形，高为180～200 厘米，宽为 150 厘米。灶体不能太宽。因为灶内水蒸气先到达顶部再回流下来，从而使灶内温度上下均匀一致。若灶体过宽，蒸汽回流时间长，灶内温度达到一致所需时间长，易出现料袋进水和灭菌不彻底。灶体是用砖砌成的，水泥要用标号高、质量好的，并且内外墙都要用水泥沙浆抹平整，内墙还要求光滑。粗糙的墙面易磨破塑料袋。如果水泥质量不好，加之用量较少时，就会出现漏气，或者灶体开裂出现漏气等现象，造成灭菌温度升不高，难以彻底灭菌。用水泥和沙石混凝土浇筑而成的土蒸灶，不易出现裂纹和漏气。最后，还需在灶体一侧设置一个门，门的大小以能放入铁锅为宜，一般门框高为 120 厘米，宽为 50 厘米，以便当旧锅被烧坏后能够换入新锅。门框也不能过大，否则不易密闭。门框位于灶体中央，下端距锅面 40 厘米，门框边缘凹进，宽为 10 厘米，表面平整光滑。在门的两侧，对称安装两个用钢筋做成的环，环的直径为 10 厘米，用于套放木棒，以扣紧灶门。灶门要求不漏气。门板中央要扎一个小孔安放温度计，以检测灶内温度。另外，还要准备二根粗木棒和四个木楔，用于扣紧门板。

烟道，是用砖块砌成的，高为 4 米，由下至上逐渐由宽到窄，上端为 45 厘米×30 厘米，下端规格为 54 厘米×30 厘米。最后，在烟道外侧下端留一块半截的活动砖，用于伸进工具，挖出烟道内的粉尘，保持烟道畅通。

②**钢板造常压灭菌灶** 这是用钢板焊接制作的土蒸灶（图 5）。它密封严，不易漏气，用蜂窝煤作燃料，一次性加足水和煤，煤燃烧完后，灭菌就结束，减少了专职烧火人员，操作十分方便。这种灶由灶体和炉膛两部分组成。

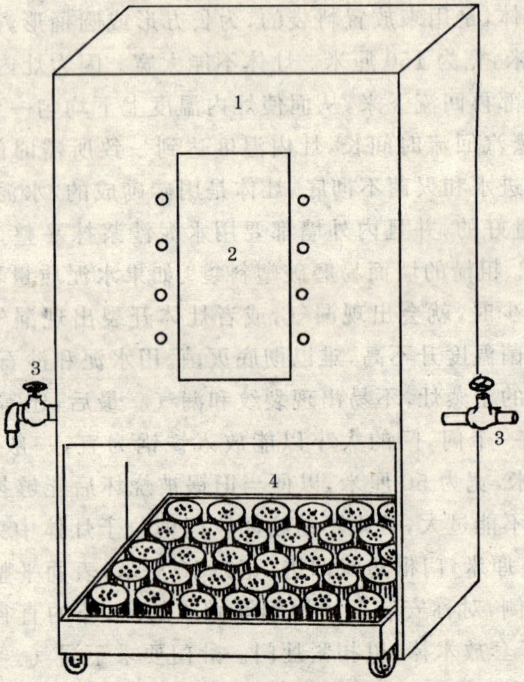

图 5 钢板造土蒸灶

1. 灶体 2. 门 3. 排气管 4. 蜂窝煤

灶体，是用钢板焊接制作而成。其底层的钢板要稍厚，以

5 毫米厚的钢板为好。其他部位则都是 3～4 毫米厚的钢板。整个灶体为长方体，高 220 厘米，长和宽均为 127 厘米。这种规格的灶体，一次能放入 500 个料袋（22 厘米×43 厘米规格的塑料袋装料）。灶体由两部分组成，上部为灭菌室，下部为水槽，即蒸汽发生室。水槽高为 25 厘米，在 30 厘米处的钢板上焊一圈角钢，用于放横隔。并在横隔下方的灶内两侧，各放一根铁管，在铁管上打若干个小孔，将铁管的一端延伸出去，并安上阀门，用作排气管。在灭菌室中部的四周钢板上，也焊接一圈角钢，用于放置横隔来将堆码的料袋分为两层，以减少下层料袋受重力过大，被压变形和压得过紧，造成蒸汽不流通，而出现灭菌不彻底。在灶体外侧也要焊两圈角钢，用来加固灶体，以防止灶体内气压过大后被胀裂。在灶体的一侧开门，门框高为 120 厘米，宽为 62 厘米，在门框边缘上焊接螺母。灶门也用钢板制作，在门的边缘打孔，孔的位置与大小，应与门框上的螺母相对应，通过拧紧螺帽来扣紧门，防止漏气量增大。此外，在灶体外侧接近底部的地方，安装铁管并上阀门，用于放出灶内的水。再在水位线以上的外侧，安装一个进水管。

炉膛，可分别制成烧蜂窝煤和烧散煤的两种炉膛。二者的炉膛结构不一样。蜂窝煤炉膛，是用煤车装蜂窝煤块进行燃烧的。其做法是：煤车底部用钢筋制作，制成炉桥状，四周则用铁皮制作，在底部四个角的部位各安装一个活动铁环作轮子，以便于推进和拉出煤车。煤车长为 85 厘米，宽为 75 厘米，高为 40 厘米，可装蜂窝煤 168 块，煤燃烧完后，灭菌即告结束。

安装钢板造常压灭菌灶时，在地面上挖一个坑，坑深 40 厘米，宽 90 厘米，长 100 厘米。坑挖好以后，即放入煤车，使煤与灶底相距 3 厘米，两侧相距 5 厘米。放上灶体后，在坑的两侧各开一个高 5 厘米，长 10 厘米的通风口。

另外，准备一块铁皮板，用于挡炉膛门，调节通风量。烧散煤的炉膛与砖制土蒸灶的构造相近。

钢板造常压灭菌灶的使用方法是：将几块蜂窝煤点燃后，放在煤车中部，然后重叠堆码蜂窝煤，共放6排，每排7块煤，共放4层，一个煤车总共放168块煤。煤燃烧结束后，则灭菌也告结束。将煤车推入炉膛内，打开通风口。当煤完全燃烧起来，从门缝上开始有较多的蒸汽出现时，打开排气阀门，排除灶内冷空气，然后关闭阀门。当大量蒸汽再次产生时，灶门密封较好而漏气极少的，则要微开放气阀门，放掉灶内部分气体，防止灶内蒸汽量过多，产生高压而引起爆炸。在灭菌期间，要堵住通风口，并用铁板挡住炉膛口，减少通风量，以减少火力，用小火维持温度。若灶门漏气量较大时，则不要打开阀门，以避免出现灭菌不彻底。

③ **蜂窝煤汽油桶灭菌灶** 这是用汽油桶制作的灭菌灶（图6）。它简便易行，成本低，但装量较少。每个灶一次只能装70个料袋，不宜用作大面积生产使用，但适宜栽培种的灭菌和小规模生产者使用。

蜂窝煤汽油桶灭菌灶的制作方法是：选择一个完好无损的汽油桶，将顶盖环割掉，做成一个圆柱形桶。为了增加装袋数量，可再重叠半截汽油桶在上面。在桶的底部，安装一个高为45厘米的用钢筋制成的横隔，下层为盛水部位，水位高为40厘米，加水量不得低于30厘米。

另外，还要准备一个幅宽为100厘米、厚度为0.012厘米的双层塑料膜，打开成直筒状，高度比桶高100厘米左右。将塑料膜放在桶内，利用塑料膜来防止蒸汽溢出，保持灭菌所需的温度条件。

其安装方法是：首先做一个燃烧蜂窝煤的炉膛，用砖和水

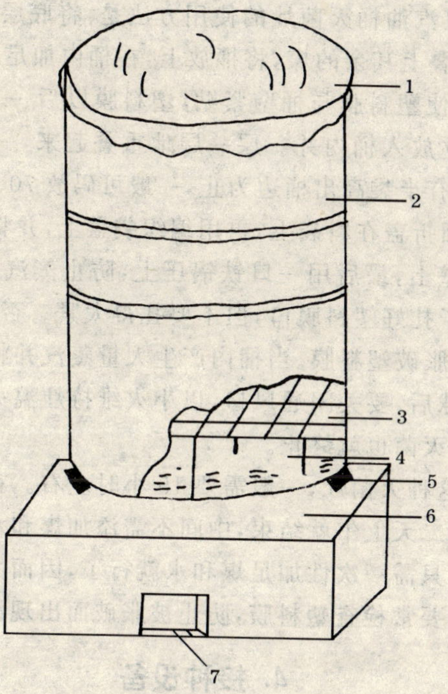

图 6　蜂窝煤汽油桶灭菌灶

1. 塑料薄膜　2. 油桶　3. 横隔　4. 水

5. 风口　6. 灶台　7. 出渣口

泥制作，并用几根钢筋作炉桥，炉膛的人小以能放入 4 块蜂窝煤来设计，炉膛的高度以重叠 4 块煤的高度为标准，即高为 37 厘米，以重叠放上 4 块蜂窝煤后，离油桶底部还有 3 厘米的距离为宜。炉膛为圆柱形，直径为 28 厘米，灶边缘部分要略高出煤面 3 厘米。并在灶台两侧各开一个小通风口。然后将桶放上，即为一个小型灭菌灶。若要扩大生产规模，只需增加灶的数量即可。

蜂窝煤汽油桶灭菌灶的使用方法是：将底层煤点燃2～3块后，再重叠上其余的煤，将桶放上，在桶内加足水，放入塑料膜并张开，使塑料膜与桶壁紧贴，塑料膜以后一直留在桶内。将料袋直立放入桶内并一层一层地重叠起来，一直堆码至最上层料袋，有半袋高出桶边为止，一般可码放70袋左右。最后将塑料膜回折盖在料袋上，再用编织袋盖上，并将编织袋四周捆绑在桶壁上，最后用一口铁锅压上，防止蒸汽冲破塑料膜。或者用绳子扎好塑料膜口，但不要扎得太紧。否则，一点都不漏气，就易胀破塑料膜。当桶内产生大量蒸汽并将塑料膜鼓胀起来似气球后，要关闭通风口，以小火维持灶温灭菌。当煤燃烧结束后，灭菌也就终止。

使用这种灭菌灶，一般需要15小时左右。在傍晚开始上灶灭菌，第二天上午就结束，中间不需添加煤和水，十分方便。完成灭菌，只需一次性加足煤和水就行了，因而大大节省了人力。但是，要常检查塑料膜，防止被胀破而出现漏气。

4. 接种设备

(1) 接种箱

这是一种常用的接种设备，体积小，容易创造无菌的环境，可有效地防止接种操作中出现杂菌感染，还能避免有害药物气体对操作人员的刺激。

①**接种箱的制作**　接种箱分为单人接种箱和双人接种箱两种。单人接种箱的体积较小，适合于母种和原种的接种操作。它是用木方条和玻璃等材料制作的，制作时密封要严，不能有较大的缝隙。若有较大的缝隙出现，在进行灭菌时，杀菌药物就会很快溢出，在接种箱内停留的时间短，达不到灭菌的目的。而且在接种操作时，外界带菌空气会进入接种箱内，从

而造成杂菌感染。制作单人接种箱，要在一侧开两个供手伸入进行接种操作的圆孔，并在圆孔上安装上用白布制作的袖套，袖套的前端要上一个松紧环，以便于牢固地套在手腕上。在开孔一侧的上端，要设置一个可活动的、呈70°倾斜角的玻璃窗，以供操作者观察箱内接种操作情况。

另外，在箱内底板的一角，要挖一个长和宽都为10厘米的窗口，并用一个可推拉开的活动板封口，用作清扫垃圾时的排出口。

双人接种箱的体积较单人接种箱大，要在接种箱的两侧各开两个伸手操作的圆孔，并且要相对称，以便两人面对面地进行接种操作。在圆孔上，同样要安装用白布制作的袖套，并在圆孔上安装一个可活动的木板，以供封闭操作孔用。在不使用时，可将其关闭，以防止外界带菌空气进入箱内。在箱内两个操作孔间靠箱壁部位的底部挖一个圆孔，圆孔的大小以能放入一个搪瓷碗而又不掉出为标准。其用途一是在接种时，将料袋直立放入碗中，便于钩入菌种；二是便于清扫和排出垃圾。此外，在接种箱顶部一端，开一个直径为8厘米的圆孔，并用四层纱布封好，或者用一层棉花盖着。其作用一是补充箱内的氧气，防止接种时间过长后，箱内氧气减少，使酒精灯火焰减弱或熄灭；二是使接种箱内产生的高温能降低，防止出现高温杀死菌种。

最后，在接种箱内的顶部，分别安装一盏15瓦紫外线灯和40瓦日光灯，其作用在于利用紫外线灯来照射杀菌和利用日光灯来照明。单人和双人接种箱的大小规格和构造，如图7所示。

②**接种箱的使用方法** 将培养基、经过灭菌的料瓶、料袋、接种钩和酒精灯，一并放入箱内，然后将甲醛和高锰酸钾

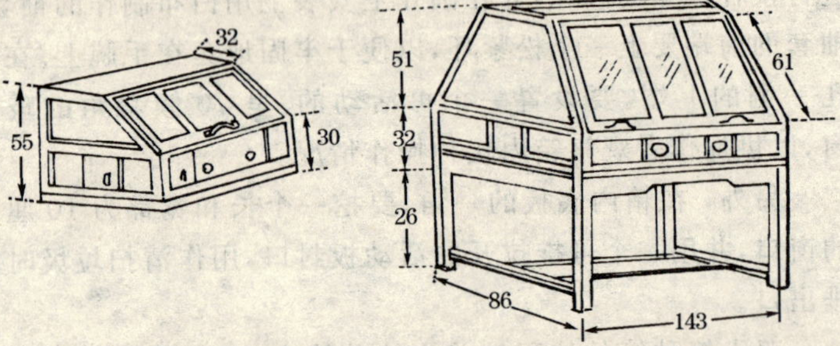

图 7　双人和单人接种箱示意图　（单位：厘米）

混合放入接种箱内的碗中，便产生大量的气体，进行熏蒸杀菌；或者点燃气雾杀菌剂，用产生的烟雾来杀菌。如果接种箱有缝隙出现漏气时，则要用不干胶封好。使用的药物不要过多，以避免药物进入培养基内，造成接种后菌种不萌发。此外，也不宜将母种一并放入箱内进行熏蒸杀菌，以避免药物杀死菌种。在夏季高温季节接种时，如果一直点着酒精灯操作，接种箱内会产生高温，就容易出现菌种块被烧死的现象。防止的方法，一是接种物要冷却后才放入箱内，二是连续操作时间不要太长。每次使用完后，要打扫干净，箱内只放酒精灯和接种钩，不要放入太多的杂物，否则会有霉菌生长。若接种箱内较潮湿，就要将接种箱打开，放在阳光下晒，以排除水分，保持干燥。

(2)塑料膜接种箱

这是用塑料膜罩在竹木框架上而做成的接种箱。这种接种箱制作成本低，取材方便，容易制作。其不足之处是塑料膜的透明度差，不易操作，而且容易破损，出现裂缝。

①**制作方法**　用方木条或竹竿做一个长 150 厘米、宽 90

厘米、高 60 厘米的长方体框架;然后用一个幅宽为 100 厘米的直筒状塑料膜罩在框架上,两端用绳扎紧袋口。塑料膜不要拉得过紧,以免在接种操作移动塑料膜时将其拉破。然后在两侧各开两个接种操作孔,孔径为 15 厘米,孔与孔间相距 40 厘米。在操作孔上,要钉一个用白布或塑料膜制作的袖套,在袖套的前端上一个松紧环,其大小以能套在手腕上无较大的缝隙为宜(图 8)。

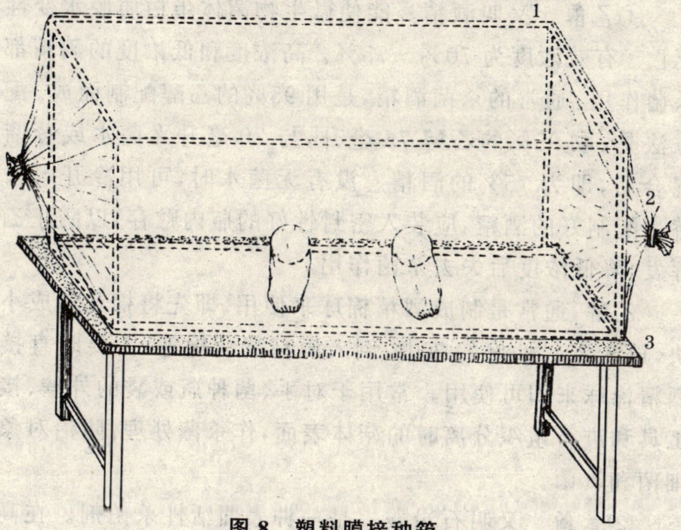

图 8　塑料膜接种箱

1. 框架　2. 塑料膜　3. 桌面

②**使用方法**　使用时,将其放在桌面上或者门板上,打开两侧袋口,放入接种物和工具,经杀菌处理后,就可进行接种。具体使用方法,与一般接种箱的使用方法相同。

5. 消毒灭菌药物及器具的使用方法

(1)化学消毒灭菌药物

消毒与灭菌是两种不同的概念。消毒是指只能杀死部分杂菌,而细菌的芽孢、霉菌的厚恒孢子等不能被杀死,只是处于休眠状态,使其暂时不能发生危害。灭菌是指将所有微生物都杀死。因此,在进行食用菌的生产时,要分清杀菌药物和消毒药物,正确选用,才能有效地控制杂菌。

①乙醇　又叫酒精。能使微生物菌体蛋白质脱水变性后死亡。有效浓度为70%~75%。高浓度和低浓度的酒精都无杀菌作用。通常的杀菌酒精,是用95%的乙醇配制而成。配制方法是:取95%的乙醇75毫升,与20毫升无菌水或蒸馏水混合后,即为75%的酒精。没有无菌水时,可用冷开水来代替。配制好的酒精,应装入密封性好的瓶内贮存,以防止乙醇挥发,降低浓度后失去杀菌作用。

乙醇,通常是制成酒精棉球来使用。即先将棉花制成小团块,放入密封性好的瓶中,倒入酒精湿润棉球,需要时直接取酒精棉球来即可使用。常用于对手、菌种瓶或袋的外壁、接种工具和进行组织分离时的菇体表面,作杀菌处理。防治对象为细菌和真菌。

②苯酚　又叫石炭酸。是一种表面活性杀菌剂。在高浓度下可使微生物的细胞膜受到损害,蛋白质变性或沉淀,从而使微生物死亡。生产上的使用浓度为3%~5%,常用于接种室和培养室的环境喷雾杀菌,以及菌种瓶或袋的外壁清洗杀菌。配制方法是:取3~5克的苯酚,放入95~97毫升的无菌水或冷开水中,溶解后即成为杀菌剂。因苯酚的腐蚀性强,对皮肤有腐蚀作用,使用时应戴上塑胶手套,使其不要与皮肤接

触。防治对象为细菌和真菌。

③**来苏儿** 是一种表面活性消毒剂。杀菌能力比苯酚强4倍，其杀菌机理与苯酚相同。使用浓度为2%，市售的来苏儿浓度为50%。使用浓度的配制方法是：取50%的来苏儿40毫升，加入960毫升水，混合后即为2%的来苏儿消毒剂。主要用于接种场所空间、工具和菌种瓶外壁的消毒处理。防治对象为细菌和真菌。

④**漂白粉** 又叫次氯酸钙。是一种氧化型消毒剂。其杀菌机理是次氯酸遇水分解为次亚氯酸，使细菌的菌体受到强烈的氧化作用而死亡。使用方法是：用于表面消毒的使用浓度为2%～5%的水溶液，用于喷雾消毒的浓度为0.5%～1.0%。配制时，若加入0.5%～1.0%的硫酸铵或氯化铵，可提高杀菌效果，使杀死细菌芽孢的时间由2小时缩短到2分钟。防治对象为细菌类病原菌。漂白粉的水溶液极不稳定，杀菌效力持续时间短，应随配随用，取上清液使用。使用时注意不要与衣服接触，以免出现褪色和破坏纤维的作用。

⑤**过氧乙酸** 这是一种氧化型表面消毒剂。杀菌机理是以其强烈的氧化作用，破坏菌体内的原生质和酶蛋白，从而使其死亡。市售的过氧乙酸，浓度为40%。生产上使用的浓度为0.2%。配制方法是：取原液5毫升，加入995毫升水，混合后即为0.2%的消毒剂。常用于菇房和接种室内的空间与接种用具的消毒。稀释液要随配随用，最迟不超过3天。防治对象为真菌。

⑥**新洁尔灭** 这是一种阳离子型表面杀菌剂。其高浓度溶液能杀菌，低浓度溶液能抑制微生物生长。对器材无腐蚀作用，对人体无刺激作用，是一种有效的灭菌杀菌剂。商品浓度为5%，使用时应稀释为0.25%的水溶液。其配制方法是：取

5%的原液 50 毫升,加水 950 毫升,混合后即为 0.25%的杀菌剂。用于接种室、出菇房内喷雾杀菌,和菌种瓶外壁、器材与手的表面灭菌处理。由于杀菌持续时间短,故应随配随用。防治对象为细菌和真菌。

⑦**福尔马林** 又叫甲醛水。是指含有 40%的甲醛水溶液。它能使微生物菌体内的蛋白质变性而死亡,在 6～12 小时内就能杀灭细菌芽孢和病毒。常用于接种室(箱)内和培养室内熏蒸杀菌。每立方米空间的用量为 10 毫升。使用方法是:将 2 份福尔马林与 1 份高锰酸钾混合,用所产生的甲醛气体来进行熏蒸杀菌。或者将福尔马林装入碗中加热,用所产生的甲醛气体来进行杀菌。因甲醛气体的刺激性气味大,使用后不能立即进入进行接种操作,而应在用药几小时或者半天以后,待甲醛气味减少至无太大的刺激性气味时,才可进行接种操作。若在接种时仍有较大的气味,可喷氨水或醋酸来中和甲醛。也可配制成 1%的水溶液,用于培养室和菇房的环境喷雾杀菌。此外,福尔马林可用于消除发酵料中的氨味。具体方法是:在有氨味的发酵料中,喷入 1%～2%的福尔马林,就可去除发酵料中的氨味。

⑧**高锰酸钾** 这是一种强氧化剂。其杀菌机理是使菌体酶蛋白被氧化而失去酶活性,从而使其死亡。主要用于器材、菌种容器外壁和手的表面灭菌。使用浓度为 0.1%～0.2%。这种浓度溶液的配制方法是:取高锰酸钾 0.1～0.2 克,将其加入 100 毫升的冷开水中,溶解后即可使用。要随配随用,放置时间不能过长,否则会丧失灭菌作用。防治对象为细菌和真菌。在使用时,往往会将皮肤着色,色素难以去掉,只有用维生素 C 片来擦洗,方可将其去掉。此外,高锰酸钾和甲醛混合后,会产生甲醛气体,可用以对环境进行熏蒸杀菌。

⑨**多菌灵** 这是一种广谱内吸性氨基甲酸酯类杀真菌剂。其杀菌机理是干扰菌体细胞的有丝分裂过程，从而使其死亡。可用于半知菌和子囊菌等真菌的防治，但它对毛霉、根霉和链孢霉等无效。常用于生产环境、菌床和拌入料中杀菌，但在拌料使用时，只能用于栽培伞菌类的培养料。木耳、猴头菇、灵芝等非褶菌类对多菌灵十分敏感，在有多菌灵的培养料中，这些食用菌就不会萌发生长。市售剂型为25%的可湿性粉剂和50%的可湿性粉剂。使用浓度分别是：拌入培养料中的浓度为0.05%，即100千克培养料中加入50%的多菌灵0.1千克。用于环境喷雾杀菌时，应配制成0.25%的水溶液。使用时，应注意不要与铜制剂和碱性物质混合使用，否则会因发生分解而失效。

⑩**甲基托布津** 这是一种广谱内吸性杀菌剂。该杀菌剂对人、畜低毒。用于环境和菌床局部杀菌，对湿腐病和干腐病有较好的效果。使用方法是：20%的可湿性粉剂稀释成200～1000倍液后，进行喷雾或作局部杀菌处理。

⑪**烧碱** 又叫氢氧化钠。是一种强碱，具有较强的腐蚀性。常用于培养室及出菇场所的环境杀菌，同时也可通过使环境造成碱性来抑制杂菌的生长繁殖，减少杂菌污染。使用方法是：配制成10%的烧碱水溶液喷雾，在环境中进行杀菌处理。配制方法是：取烧碱0.1千克，加入1升水中，溶解后即成。以现配现用为好。一次没有使用完的烧碱液，装入玻璃瓶时，瓶口不能用玻璃瓶塞，否则会使瓶口和塞子粘合在一起，无法打开。喷雾时要穿上雨衣，防止碱液洒在衣服上，造成衣服破损。使用结束后，喷雾器要立即用清水冲洗干净，以免使喷雾器腐蚀受损。利用烧碱进行环境杀菌处理，在四川一些地区已进行多年，效果尚好。

⑫**气雾消毒剂** 这是近年来开发的一种新型烟雾熏蒸型杀菌剂。其产品有“菇保1号”和“气雾消毒盒”，是利用其燃烧时产生的烟雾来杀菌。对食用菌生产中常见的多种杂菌，如链孢霉、青霉和黄曲霉等，都有很强的杀灭作用，杀菌效果可达100%。它具有用量少、使用方便、又无强烈刺激性气味的特点，不像甲醛那样有一种强烈的刺激性气味，可用于取代甲醛。常用于接种室(箱)和培养室内的熏蒸杀菌。

使用方法是：每立方米空间的用药量为2克，即一小包药剂。杀菌时，用火点燃塑料包装袋，即可产生出大量的白色烟雾，弥漫在整个空间，从而将环境中的杂菌杀灭。大约熏蒸处理半小时后，就可进行接种操作。此外，还可配制成1∶2000至1∶3000倍的水溶液，用以进行清洗和喷雾灭菌。

⑬**克霉灵** 这是一种广谱、高效杀菌剂。它是用氯、磷、硫等成分化学合成，具有较强的干扰性和高度的选择性，可干扰食用菌生产中出现的杂菌的正常生理活动，而使食用菌的生长不受影响。对食用菌生产中常见的木霉、青霉、毛霉和曲霉，以及细菌等均有较强的杀灭力。克霉灵已广泛地用于食用菌生产中。目前在市场上投放的克霉灵产品有两种剂型，其使用方法如下：

克霉灵SJ-ⅠX型。每袋装量50克，使用前用水化开，待其充分溶解后，再按比例使用。用于器械和皮肤消毒的，加水量按1∶600～800的比例掌握，浸泡或擦洗5分钟即可；用于接种室、培养室和菇房内喷雾消毒的，加水量为1∶800～1500，溶解后喷雾，再密闭30分钟。生料拌料栽培时，每100千克培养料中，拌入克霉灵100克，堆闷24小时，即可使用。菌床或菌袋中局部感染杂菌后，用它注射或灌注长有杂菌的部位，间隔1天1次，连续3次，可抑制杂菌生长。

克霉灵 SJ-ⅡX 型。这是在 SJ-ⅠX 型的基础上，补充了食用菌必需的多种营养元素的新型杀菌剂。不论是生料栽培或熟料栽培，都能有效地预防霉菌生长，并能促进食用菌菌丝生长，使出菇期提早 5～7 天，产量增加 15%～30%。用于栽培生料时，每 100 千克干料加药剂 100～200 克；用于栽培熟料时，每 100 千克干料用药剂 75～80 克，将其溶于水中，再均匀地拌入料中。用于菌袋或菌床局部污染霉菌的杀菌时，每袋加水 20～30 升，然后均匀地将溶液喷洒或注射到感染部位，隔 1 天 1 次，连用 2～3 次，严重污染的，可适当地提高浓度。使用时，注意不能与铜制剂和酸碱性较强的农药混用。

⑭**复合酚**　复合酚对链孢霉、曲霉、青霉和绿霉，以及菌蝇与菌蚊等，都有极强的杀灭力。它可用于培养室和菇房的环境杀菌，也可用于感染杂菌部位作局部注射杀菌，但不能用于拌料。

将复合酚用于环境喷洒杀菌时，可按 1∶300 的比例稀释后使用；用于感染杂菌区局部处理时，可将其稀释 100～200 倍后灌注或注射杀菌。操作时，注意不要将它与碱性药物混合使用，以免使它失效。

（2）物理消毒与灭菌

①**紫外线灭菌**　紫外线灯产生的紫外线，对环境中的杂菌有杀死作用。有效的杀菌紫外线波长为 2 000～3 000 埃，其中以 2 650 埃的杀菌能力为最强。其杀菌原理：一是微生物的细胞吸收一定剂量紫外线后，导致细胞内核酸、原浆蛋白和酶发生化学变化而死亡；二是可将空气中的氧气（O_2），变成臭氧（O_3），利用臭氧来杀菌。紫外线的穿透能力较差，不能透过不透明物体，仅对空中和物体表面的杂菌有作用。其使用方法是：在每立方米的空间中，安装 1 盏 30 瓦的紫外线灯，在接种

箱内则安装1盏15瓦～20瓦的紫外线灯。这样，就可达到灭菌的目的。一般1盏30瓦的紫外线灯，其有效杀菌范围为1.5～2.0米。

②**三氧消毒杀菌** 这种方式采用三氧杀菌机进行灭菌消毒。三氧杀菌机，是一种制造臭氧，利用臭氧来杀菌的仪器。臭氧是一种广谱杀菌剂，可杀死细菌的繁殖体和芽孢、病毒及真菌等。一般安装在接种室内使用。根据室内空间的大小，来选用不同型号的三氧杀菌机。三氧杀菌机的使用方法是：一次开机杀菌处理2小时，就可达到杀菌的目的；在停机后30～60分钟，臭氧气体自行还原为氧气，在其还原期间仍可起到杀菌作用。三氧消毒杀菌机，在空气相对湿度大于60%的条件下，使用效果最好。湿度越大，杀菌效果就越好。若室内湿度过低，可采取在地面洒水或喷水的措施来提高湿度，以便收到更好的杀菌效果。

另外，国内还有多种杀菌原理一样的同类产品，如接种器和电子灭菌消毒器等，可根据需要选购。

6. 接种场所的灭菌措施

(1)接种室(箱、罩)的灭菌方法

接种室(箱，罩)是进行接种操作的场所，必须严格地进行无菌操作，才能有效地防止杂菌感染。在接种操作的各个环节上，都要认真地做好杀菌工作。为了提高灭菌效果，最好采取多种方式进行灭菌处理，而且也不要长期使用同一种杀菌剂，以免使杂菌对药物产生抗性。常用的杀菌方法有以下几种：

①**熏蒸杀菌法** 即用甲醛与高锰酸钾混合后产生的甲醛气体来熏蒸杀菌。具体方法是：每立方米的空间用甲醛8～10毫升，加入4～5克高锰酸钾混合，就会立即产生大量的气体，

弥漫在整个空间，从而将环境中的微生物杀死。在熏蒸期间，要密封好需要杀菌处理的场所，防止气体在短时间内就从其中散发掉，因而达不到灭菌的目的。由于甲醛刺激性气味大，使用后无法立即进入其中进行接种操作，因此，应在使用前一天或几小时进行熏蒸杀菌，待甲醛气体散发掉后，对人体无太大的刺激性时，方能进行接种操作。此外，还可用气雾消毒剂，如气雾消毒盒和菇保一号等。气雾消毒剂可代替甲醛，而且刺激性气味小，是一种常用的熏蒸杀菌剂。其使用方法是：每立方米的空间用 3～6 克，即 2～3 小包（每包装药量为 2 克）。杀菌时，将所需要数量的药物，用火点燃其包装袋，即可产生出大量的白色杀菌烟雾，充满整个环境。由于其刺激性气味小，在使用 1～2 小时，待烟雾散去后，就可进入其中进行接种操作。

无论使用哪一种药物进行熏蒸，使用量都不要太大，否则料袋或培养基中就会进入药物，造成接种后菌种不萌发。也不要将菌种一并放入进行熏蒸，以防止菌种被杀死。

②**喷雾杀菌法** 所谓喷雾杀菌法，就是喷洒杀菌剂来杀灭环境中的微生物，创造一个无菌存活的环境。常用的杀菌药剂，有 1%～2%的来苏儿，或 0.25%的新洁尔灭等杀菌剂。在使用前的半小时至 1 小时，用喷雾器装药喷雾，在接种操作场所进行杀菌处理。喷雾杀菌剂，一是可直接杀死空中的微生物；二是使空中的微生物孢子吸水后降落在地面上，使悬浮在空中的孢子量减少，从而在接种时不造成杂菌感染。因此，采用喷雾杀菌剂，也是一种较好的杀菌方法。

此外，在接种之前，还要用杀菌剂对工作台面和地面进行擦洗杀菌。

③**照射杀菌法** 这是利用紫外线灯或三氧消毒杀菌机，

对接种操作场所进行照射杀菌的方法。紫外线灯的使用方法是：将培养基和接种工具放入室内后，开启紫外线灯，照射30～60分钟后关灯。需要注意的是，不要将菌种放入其中一并进行照射处理，以免引起菌种发生变异或死亡。在关灯后，不要立即开启日光灯，以免引起光复活，达不到杀菌的目的。也不可开启紫外线灯进行接种操作。这样做，一是防止紫外线对人体特别是对眼睛的损伤；二是防止紫外线引起菌种发生变异。利用三氧消毒杀菌机照射杀菌时，将培养基和接种工具放入后，开启三氧消毒杀菌机，就会产生出大量的臭氧(O_3)弥漫在环境中，从而对环境中的微生物进行杀灭。由于在较高的湿度下杀菌效果好，因此，在湿度偏低时，可通过在环境中洒上一些水，增加湿度，来提高杀菌效果。开机30～60分钟即可达到杀菌的目的，关机后待臭氧还原成氧气后，方可进入其中进行接种操作。大约在关机30分钟以后，可开始进行接种操作。但也不能开机进行接种，防止对人体造成危害和对菌种产生不良影响。

接种室或箱内的灭菌处理，是防止菌种感染杂菌的关键，因此必须创造一个无菌环境条件。在进行灭菌处理时，不要长期使用同一种药物，以免杂菌对药物产生抗性，而不能被杀死。因此，要交替使用杀菌剂，并在进行灭菌时，最好同时采取物理杀菌方法和化学杀菌方法。这样，方可达到无菌要求。每次接种完毕后，要清除杂物，并用杀菌剂擦洗工作台面和地面。还要用杀菌剂喷雾，杀死接种环境中的杂菌和食用菌的无性孢子，如金针菇粉孢子，防止在下次接种时，它感染菌种，造成同一菌种瓶内出现两种食用菌菌丝。此外，接种场所内除放置少量接种工具外，不要放置别的杂物，使接种场所内保持空旷，以利于防止杂菌的生长，确保杀灭效果。

(2)接种工具和菌种表面的杀菌处理

①**用药物擦洗杀菌** 接种工具和菌种容器的表面，要用杀菌剂，如75%的酒精，或0.2%的高锰酸钾，或0.25%的新洁尔灭等，进行擦洗杀菌。在进行菌种容器表面的杀菌时，注意不要将药物灌入菌种内，以免杀死菌种。蘸有杀菌剂的接种工具，要擦净后才能用来盛装菌种和钩取菌种。经表面杀菌处理后的菌种，要及时放入接种场所内，以防止放在外面时出现二次染菌。接种工具应在接种场所内进行杀菌处理后备用。

②**灼烧灭菌** 仅用杀菌剂进行处理，难以彻底灭菌。用火烧是最有效的灭菌方法。接种时，先将接种工具放入装有酒精的试管中，蘸取酒精后，再放在酒精灯火焰上，反复来回地灼烧杀菌，待其冷却后再用来钩取菌种。对于玻璃瓶装菌种，使其瓶口内外壁蘸取少量酒精后，也把它放在酒精灯上点燃，进行灼烧，杀灭菌种瓶口内外壁的杂菌，从而有效地防止杂菌感染。

在接种过程中，要经常将接种工具放在酒精灯火焰上灼烧，其目的是防止一旦某一瓶菌种中有杂菌存在后，通过接种工具而被传染下去。接种工具每次灼烧都要等冷却后，才可用来钩取菌种，以防将菌种烫死。

(3)培养室内的消毒与杀虫灭鼠

①**消毒处理** 培养室的杀菌处理也是防止杂菌感染的关键措施之一。做好培养室的消毒处理，首先要保持室内清洁卫生，墙面上要用石灰水粉刷。其次是用杀菌剂进行喷雾杀菌或熏蒸杀菌。对于多年使用过的和已出现过较大杂菌感染的培养室，除了采取喷雾消毒杀菌外，还需用福尔马林或气雾消毒剂进行熏蒸杀菌。培养室内空间较大时，要采取用塑料膜作顶棚来降低房间的高度，门和窗口也要用塑料膜来密封。在菇房

内做培养室时，可在菇房内用塑料膜围一个小型的培养室，这样就较易进行杀菌处理。如果培养室内曾出现过大量的链孢霉污染，就要使用能杀死链孢霉的药物，如复合酚、福尔马林等，来进行喷雾或熏蒸杀菌处理。这样，才能杀死链孢霉孢子，防止链孢霉传染。经过杀菌处理后，应立即关闭门窗，密闭1～2天。然后再打开门窗，让药物散发掉后，再放入菌种进行培养。

现在有的食用菌生产专业户，建造大型菇房栽培食用菌。他们所建的房屋，既是培养室，又作出菇房用，在就地培养菌袋后，又就地排袋出菇。这样，不需要单独修建培养室，可节省建房。作培养室用时，是在其他食用菌出菇结束之后。首先清理出菌袋和各种残渣，并喷洒杀虫和杀菌药物，进行除虫灭菌处理。作培养菌袋的场所时，先在地面上铺一层塑料膜，再堆码已接上菌种的菌袋，进行培养。若是在正在出菇的菇房内培养菌袋时，则要先用塑料膜围成一个培养室，再进行喷药杀菌或熏蒸杀菌。培养室的大小，应根据所放入菌袋的多少来确定。在夏季，培养室要宽敞，这样才容易散热。

利用出菇房兼作培养室，就地培养菌袋，在菌丝长满袋后，即就地排袋栽培，可大大节省另建培养室的费用。这种设施适合我国农村条件，可进行大规模的生产。现在，有的食用菌专业户修建的菇房，面积达到3 000～6 000平方米。他们在菇房旁边建造灭菌灶，使菇房既能出菇，又可作培养室，一室多用，有效地解决了大规模生产中的培养室问题。但是，这要搞好灭菌工作，经常保持环境的清洁卫生。每种完一批菇后，要及时清除残留物，通风干燥，喷药杀菌。

②**杀虫处理**　培养室内的杀虫处理，也是一个重要的环节。在菌种或菌袋培养期间，会出现各种害虫危害，如果不及

时杀灭，就会在菌种或菌袋中产卵繁殖，造成菌丝体被吃掉等较大的危害。菌种或菌袋培养期间的害虫，主要有菌蝇、菌蚊和螨虫等。在选用农药时，要考虑既能杀灭菌蝇和菌蚊，又能杀灭螨虫，因此，要选用多种农药来灭虫。能杀死菌蝇和菌蚊的农药，主要有敌敌畏、功夫和除虫菊酯类；杀灭螨虫的农药，主要有扫螨特、杀螨砜和敌敌畏等。对于密闭条件好的培养室，最好使用磷化铝来进行熏蒸杀虫，磷化铝能杀灭各种害虫，使用后又不增加湿度，是一种较好的杀虫剂。其使用方法是：按每立方米容积用 0.2～0.4 片药的药量标准，将适量的药剂放入室内，产生出大量的磷化氢气体，弥散在培养室内，杀灭各种害虫。放药后，要立即关闭培养室，过 4～5 天后，再打开门窗。待药物气体散发完后，操作人员才能进入室内工作。否则，会造成人员中毒。

③灭鼠　在培养菌种期间，防止鼠害也是一项重要的工作。老鼠的危害，一是啃食原种中的母种块，二是在菌袋中打洞，造成菌袋报废。特别是谷粒菌种，更易被老鼠所危害。防止鼠害的方法：一是在窗户上设置铁纱窗网，并且不留门缝，不给老鼠留入口；二是在培养室内的墙脚边放上毒鼠药，以毒死进入其内的老鼠。

（二）母种制作技术

1. 母种培养基常用原料及其作用

(1)琼　脂

琼脂，又叫洋菜和冻粉。是一种凝固剂。它在母种培养基中起凝固作用，是母种生产中必不可少的原料。琼脂不溶于冷水，溶于热水后变成胶质状。在96℃以上融化成液体状态，在45℃以下就凝固成固体状态，并能反复凝固和融化，是一种优良的凝固剂。市售的琼脂分为琼脂条和琼脂粉两大类。琼脂条融化所需的时间较长，但成本低，是生产中常用的一种琼脂；琼脂粉融化时间短，但价格较高。由于琼脂的质量不同，故用量也不一样，一般用量为2%，对于凝固性能较差的，要加大用量，增加到3%。

(2)马铃薯

马铃薯，又叫洋芋和土豆。是食用菌菌种生产上常用的培养基原料。鲜品中粗蛋白质含量为2.1%，粗脂肪为0.1%，可溶性碳水化合物为21.0%，粗灰分为1.1%。马铃薯的煮沸浸出液，是食用菌菌丝生长的优良营养物质，一般用量为20%。由于它取材方便，价格低廉，因此是母种生产中的常用原料。

(3)蛋白胨

蛋白胨，简称胨。是由天然蛋白质经酸、碱或酶水解后的产物。它是一种由复杂的多肽组成的混合物，可以作为菌种生产培养基中的优质有机氮源。蛋白胨极易吸水受潮，因此，在开瓶使用后，要及时密封瓶口，并放在干燥处贮藏，称取时也要动作迅速，以免吸水受潮后，造成用量不准确。在称取时，最好用一个小烧杯或用一小块塑料膜来盛装蛋白胨。称好后，在其中加入少量的热水，使之完全溶解后，再与其他营养液混合在一起。

(4)酵母粉

酵母粉是由新鲜酵母经干燥而成的粉状物。酵母粉中富含B族维生素，其蛋白质含量在40%以上。另外，也可用医用酵母粉来代替。医用酵母粉是将新鲜酵母粉自溶后再经灭菌处理，并高温干燥而成的粉状物。酵母粉也是食用菌母种培养基中的优质氮源，一般使用量为0.5%，无酵母粉时，可用酵母浸膏来代替。

(5)玉米粉

玉米粉是由玉米粒经粉碎加工而成的粉状物。一般玉米粉中蛋白质含量为9.6%，粗脂肪为5.6%，粗纤维为3.9%。玉米粉煮沸浸出液，也是食用菌生长的优质有机氮源，一般使用量为3%～5%。

(6)麸　皮

麸皮是用小麦加工面粉过程中的下脚料，是小麦粒的表皮层。麸皮中蛋白质含量为13.5%，粗脂肪为3.8%，粗纤维为10.4%，可溶性碳水化合物含量为55.4%，并富含维生素B_1。麸皮的煮沸浸出液，是食用菌母种生产中的优质有机氮源。在PDA培养基中，加入5%的麸皮煮沸浸出液，即成为一种加富PDA培养基，有利于姬松茸菌丝生长，并且生长浓密、粗壮和整齐。

(7)葡萄糖

葡萄糖是一种单糖，也是生物体中最重要的一种单糖。常用作母种培养基中的碳源部分，一般使用量为2%。葡萄糖是食用菌母种培养基中常用的优质有机碳源，易被菌丝所吸收利用。制作培养基可用口服葡萄糖和多维葡萄糖等。

(8)蔗　糖

蔗糖，是一种双糖。它的分子由1个葡萄糖分子和1个果糖分子缩合而成。分子式为$C_{12}H_{22}O_{11}$，俗称白糖和食糖。是配制姬松茸等食用菌培养基的常用组分，使用浓度一般为1.0%～2.5%。

(9)淀　粉

淀粉为多糖类的一种。它是由许多葡萄糖分子结合而成的多糖。有直链和支链两种结构。直链淀粉微溶于热水，占10%～20%；支链淀粉不溶于水，吸水后膨胀成糊状，遇碘呈紫红色，占80%～90%。淀粉成粒状，广泛存在于植物的谷粒、果实、块茎、块根和球茎中，是植物的主要贮藏物质。在姬松茸的发酵液体培养基中，作碳素营养。

2. 试管和棉塞的准备

(1)试管的准备

常用作母种生产的试管，其规格为180毫米×18毫米和200毫米×20毫米两种，其中以180毫米×18毫米的较多。使用之前，无论是使用过多次的试管，还是新购的试管，都要认真清洗干净试管的内外壁。清洗方法是：用试管刷蘸取少量的洗衣粉液或餐具洗涤剂稀释液，插入管内来回拉动洗涤，同时擦洗试管外壁，最后用清水反复多次刷洗，去掉试管内的洗涤剂，取出倒置，滴干水分后使用。

(2)棉塞的制作

事先做好试管棉塞，使用时即比较方便。棉塞用棉花制作，也可用化纤棉来制作。化纤棉因无营养，微生物无法生长，不会出现棉花塞受潮后孳生各种杂菌的现象，因而可以避免菌种感染杂菌。制作时，首先取一块棉花，展开铺成厚薄均匀一致的长方形小块，然后，从一侧向内卷曲成圆柱状，再将两端的棉花折向内侧，做成一个长为5厘米的棉塞，将它的一端塞入试管内，入管长度为3厘米左右，露出管口外的长度为2厘米。棉塞的松紧度要适宜。不宜过紧，过紧，棉塞易受潮，通透性差，而且还不便操作；但也不宜过松，太松的棉塞不能起到阻止杂菌进入的作用，容易出现杂菌感染，也容易脱落掉。以塞入的棉塞在拔出时，要用一点力才能拔出，快速拔出时能发出轻微的响声为宜。塞入试管内的棉塞，要求表面光滑，底部成弧形面。

棉塞做好后，需进行灭菌和固形处理。其作用一是杀灭棉塞中的各种杂菌；二是经过固形后的棉塞，取出后不会散开，便于再次塞入试管内。灭菌和固形是同时进行的，即只要经过了灭菌处理，也就成形了。常用的灭菌和固形处理方法有两种：一种是干热灭菌处理，即将带棉塞的试管放入烘箱内，在温度为140℃～160℃的范围内，保持3～4小时。注意温度不要超过180℃，否则棉塞会着火燃烧。另一种方法是利用手提式高压锅来进行灭菌，灭菌时间为1小时。在灭菌结束后，最好不要马上将试管取出来，而是采取打开锅盖后，倒出锅内水，将试管留在锅内，并盖好锅盖。但是，要留一条缝隙，以利用锅的热量将棉塞表面的水分烘干，防止湿棉塞上生长霉菌。经灭菌和固形好的棉塞，如不立即使用，则应贮藏在通风良好并且干燥的室内。

3. 母种培养基的制作

(1)培养基液的配制

①马铃薯葡萄糖琼脂培养基（又称PDA培养基）

配方：

马铃薯	200克
葡萄糖	20克
琼　脂	20克
水	1000毫升
pH值	自然

制作方法：首先将马铃薯去皮，挖去芽眼，切成薄片，然后将薯片放入铝锅内，加水1000毫升，加热煮沸30分钟左右，

即将马铃薯片煮至熟而不烂为止。接着，用四层纱布过滤，取其滤液，并在滤液中加入琼脂，再加热煮沸，使琼脂完全溶解。在加热中，要边煮沸边搅动，防止琼脂液溢出。待琼脂完全溶化并成粘稠状液体后，再加入葡萄糖，进行搅拌，使糖完全溶解，最后补足水分至1000毫升，即为配制好的培养基。要趁热分装入试管内，否则冷却后会凝固。该培养基常用于菌种保藏和繁殖扩大。若用18毫米×180毫米的试管分装培养基，一个手提式高压灭菌锅，一次可装培养基1500毫升。

②马铃薯麸皮葡萄糖琼脂培养基（又称加富PDA培养基）

配方：

马铃薯	200克
麸皮	50克
葡萄糖	20克
琼脂	20克
水	1000毫升
pH值	自然

制作方法：将马铃薯去皮并挖去芽眼后，切成薄片并和麸皮一起放入铝锅内，加水1200毫升左右，加热煮沸30分钟，将薯片煮至熟而不烂。然后，用纱布过滤煮液。过滤的方法是：先用单层纱布过滤，再用四层纱布过滤，取其滤液并加入琼脂后，加热煮沸，使琼脂完全溶解。在加热煮沸时，要经常搅动煮料，防止液体溢出来。待琼脂完全溶解成粘稠状的液体后，再加入葡萄糖，搅拌使之完全溶解，最后补足水分至1000毫升，趁热分装入试管内。该培养基适合于菌种扩大繁殖用。

③**酵母粉葡萄糖琼脂培养基**(又称浜田氏培养基)

配方:

酵母粉	5克
葡萄糖	20克
琼脂	20克
水	1000毫升
pH值	自然

制作方法:将酵母粉与琼脂一并放入铝锅内,加水1000毫升,加热煮沸,边煮沸边搅动,待琼脂和酵母粉完全溶解后,再加入葡萄糖,并搅动使之溶解,最后补加水分,使之达到1000毫升,趁热分装入试管内。该培养基适宜于菌种保藏和繁殖扩大。

④**马铃薯蛋白胨葡萄糖琼脂培养基**

配方:

马铃薯	200克
蛋白胨	5克
葡萄糖	20克
琼脂	20克
水	1000毫升
pH值	自然

制作方法:先将马铃薯去皮,称取所需重量,切成薄片,放入铝锅内,加水1000毫升,加热煮沸30分钟后,用四层纱布过滤,取其滤液并加入琼脂,再加热煮沸,使琼脂完全溶化。煮时要边煮边搅动,以防止液体溢出来。待琼脂完全溶化后,再加入其他原料,细心搅动,使之完全溶解,并且混合均匀。最后加水补足至1000毫升,趁热分装于试管内。该培养基适合于扩大繁殖用。

（2）培养基的分装

配制好的培养基，要趁热分装入试管内。一旦冷却后，它就会凝固，因而无法装入试管内。只有再次加热融化后，才能分装入试管中。分装前，将一个分液漏斗固定在支架上，漏斗下端套上一根短乳胶管，在乳胶管的下端套上一根玻璃管，并用止水夹夹住乳胶管。然后，将培养基液倒入漏斗内，再分装入试管中。每支试管内培养基液的装入量，一般为试管高度的1/4。在分装时，要将试管管口上粘附着的培养基液体，用干纱布擦拭干净后，再塞上棉塞。否则，培养基液沾在棉塞上后，就会长出杂菌。塞在试管口上的棉塞，要使用从同一支试管上取下来的。最好不要交互使用棉塞，以防止因试管口和棉花塞的大小不一样，而出现封闭不严或棉塞放不进去的现象。装好培养基液的试管，在液体未凝固之前要直立放置，并且要及时装锅灭菌，不能在存放几天后才进行灭菌。因为放置的时间过长后，培养基上会长出大量的细菌。培养基液的分装方法，如图9所示。

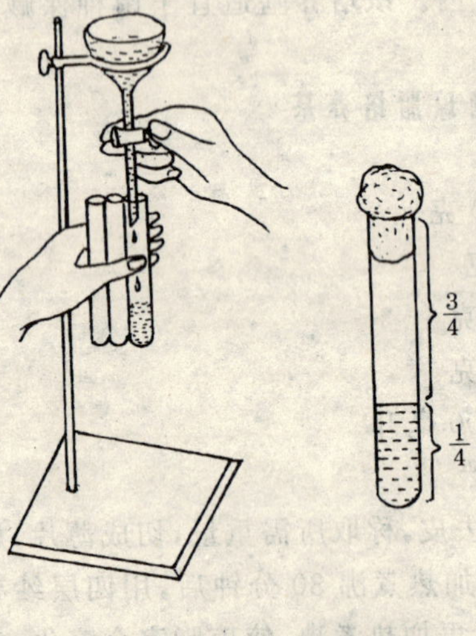

图9　培养基的分装示意图

（3）灭　菌

将装有培养基的试管，直立放入灭菌锅的内桶中，并在试管棉塞上覆盖双层报纸或一层牛皮纸，防止在灭菌过程中，冷凝水湿润棉塞。在锅内加水至水位线后，再放入内桶，盖严锅盖，进行加热，使锅内水沸腾，产生蒸汽。当压力表的指针到达 0.05 兆帕时，停止加热，稍微打开放气阀门，缓慢放掉锅内气体，当指针回位到零时，关闭阀门，继续加热。当压力又达到 0.05 兆帕时，再放气一次。放气两次的目的，是排除锅内冷空气。若不排气或排除冷空气不彻底，即使锅内达到所需的压力，但温度却没有达到，就会出现“假压”，造成灭菌不彻底。因此，排放掉锅内冷空气是灭菌的关键。放完气后，继续加热，当压力表指针指到 0.147兆帕时，并且安全阀门也自动放气时，即开始计时。保持 30～40 分钟后，停止加热，结束灭菌。然后稍微开启放气阀门，缓慢放掉锅内气体。切勿放气过快，否则会使培养基液喷出来打湿棉塞，严重时棉塞也会被冲掉。当锅内气体排除完后，打开锅盖，去掉覆盖的纸，将锅盖放回锅上，并留一条缝隙，以便利用锅内余热将棉塞表面上的水分烘干。

(4)斜面培养基制作

待试管内培养基液的温度下降到 60℃左右时，取出试管，制作斜面培养基。制作方法是：先取一根厚为 1 厘米的方木条，放在平整的桌面上，以此方木条为枕，将试管上端靠在方木条上，试管就成倾斜放置，试管内的培养基液面也就会相应倾斜，边放置边调整培养基液斜面的高度，以斜面刚到达试管的底部，并且长度为试管长度的 2/3 左右，斜面上端距棉塞 2～3 厘米远为宜(图 10)。试管放置好后，在培养基液未凝固之前，不要移动试管，以免培养基液体附着在管壁上，或者使斜面培养基变形。冷却后琼脂就会凝固，使培养基呈斜面状，即为斜面培养基。制作斜面培养基时，要注意以下几点：一是要在未出现凝固之前，即趁热制作斜面培养基。一旦冷却凝固后，就无法制作成斜面培养基，只有重新加热融化后，才能

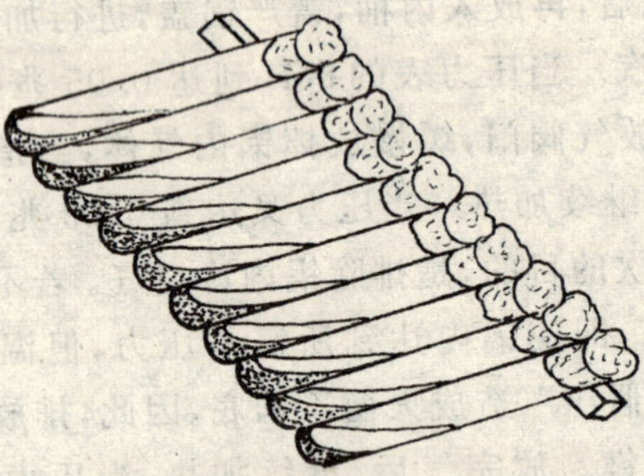

图 10 斜面培养基制作

再制成斜面培养基。二是在冬季，不宜在试管内培养基液温度还较高的情况下，就取出制成斜面培养基。否则，在试管内就会产生较多的冷凝水。为了防止冷凝水的产生，在放置好试管后，在上面盖一层棉絮或多层厚布，让试管内培养基液缓慢冷却。

培养基制作好后，经无菌检验，确认已灭菌彻底，才能使用。检验的方法是，取少许试管培养基，放入恒温箱内，在37℃温度条件下培养3～4天。若斜面培养基表面出现细菌，则表明灭菌不彻底，就不能使用。只有无任何杂菌出现时，才能使用。无恒温箱时，若夏季在室温下放置5～6天，仍然没有细菌等杂菌长出时，才能用于生产。若在冬季，则将试管培养基放在温度在20℃以上的地方，保温培养6～7天后进行检查，没有杂菌长出，才可用于生产。培养基不能放置时间太久，以免培养基失水萎缩，接种后菌种会生长不良和出现杂菌感染。

4. 菌种的分离与培养

姬松茸菌种可通过组织分离和多孢分离等途径来获得。

组织分离方法操作简便，较容易获得菌种。由于利用组织分离方法，是利用子实体内部活体组织来分离，只要选择材料得当，就不易出现杂菌污染，因而容易分离成功。孢子分离和组织分离这两种分离方法的具体操作情况如下：

（1）多孢分离方法

多孢分离法是利用子实体上释放出来的担孢子作种源，将许多孢子混合接种在同一培养基上，并处在适宜的条件下，孢子就萌发长出菌丝，许多菌丝生长混合接触后，相邻的两条可亲和的菌丝发生融合，并形成双核菌丝体，就能结实，即能生长出子实体，也才能作菌种使用。但也要经过出菇鉴定，证实其为优良菌种后，才能用作生产用种。多孢分离菌种方法，按以下步骤进行：

①**种菇选择**　在高产区，选择出菇整齐，菌柄粗壮，菌盖紧密，转潮快的子实体作材料。从刚出菇就要做好标记，观察其长势。经过比较，留下2～3个长势好、个体粗壮、菌盖已展开的子实体，作收集孢子的材料。

②**孢子收集**　切去菌柄，将菌盖放入无菌培养皿内，让菌褶向下，放置1夜后，就有大量的孢子弹射出来，形成孢子印。然后移去菌盖，盖上平皿盖。或者用三角瓶来收集孢子，其做法是：取一个带棉塞的三角瓶，经灭菌处理后使用。用一根经过消毒处理的细铁丝钩，在钩上挂上一块菌褶，伸入瓶中，使其悬在瓶中部，塞好棉塞，静置一夜（图11）。当瓶底部出现一层褐色粉末状物，即孢子印后，移去菌褶。

③**分离培养与纯化**　进行分离培养与纯化，有以下两种方法：

一种是采用划线接种法。用接种环蘸取孢子液，在PDA培养基上划线，接上孢子后，放在25℃的温度下进行培养。大

图 11　用三角瓶收集孢子的方法

约经过 1 周后，就可见到萌发成星芒状的菌丝，并以划线方式排列。再继续培养，直到菌丝大量出现，并长满培养基后，选择无杂菌感染的培养物，从菌丝生长浓密区域挑取菌种块，转接到另一支培养基中培养。可同时转接培养数支试管。待菌丝生长到 2 厘米长时，选生长旺盛的菌种，再转接培养。转接的方法是，只切取菌丝前端部分转接培养，如此转接培养2～3 次，直到确认无杂菌为止，选择菌丝生长浓密、粗壮、整齐的菌种使用。将一部分菌种保藏于冰箱内，另一部分作出菇鉴定。

另一种是直接收集孢子接种法。选择已成熟展开的子实体，用刀片将菌褶切成小片。取一支斜面培养基试管，在酒精灯旁拔去棉塞，从棉塞上挑出 2～3 根棉花纤维丝，将一小片菌褶放在棉塞上，然后用挑出的几根棉花纤维丝来固定菌褶片，再塞回培养基试管，将试管直立放置于室内（图 12 ）。过 1～2 天后，从菌褶片上弹出孢子，直接落在斜面培养基上。此时，要及时去掉棉塞上的菌褶块，若不去掉，菌褶上就会长出杂菌，其孢子也会掉在斜面培养基上，造成杂菌污染。利用这种方法进行多孢分离时，一是要求斜面培养基的斜面要稍长。因为使用过短的斜面培养基，孢子就不易掉在斜面培养基上，而是易落在试管壁上。二是进行孢子弹射时，即在放置的 1～2 天内，温度不要超过 30℃，否则菌褶片很快就失水干燥，无法弹射出孢子。

利用这种方法进行多孢分离菌种，简便易行，并且也适合于多种食用菌的多孢分离，还可以进行单孢分离。这种方法特别适宜在野外进行多孢分离。在野外，只需带上几支斜面培养基试管，一把镊子和刀片，就可进行多孢分离。特别是对于含水量偏高的子实体，用组织分离时，往往会出现细菌污染，无法获得菌种。而采用此方法，就可有效地得到菌种。

图 12 直接收集孢子分离法

（2）组织分离法

①**分离材料选择** 在高产区内选择子实体粗壮、不易开伞、含水量低、无病虫害的幼菇，作分离菌种的材料。因含水量高的子实体，在分离菌种时，易出现细菌感染，造成分离失败。采集下来的幼菇，要及时分离，放置时间过长，子实体上易出现细菌危害。不能及时分离的，应放入冰箱中贮藏。

②**分离方法** 将用75%的酒精所浸泡的棉球拧干，用以反复擦洗菇体表面。若用含酒精过多的棉球擦洗，酒精会浸入菇体内，杀死菇体组织，分离后的组织块就不能萌发出菌丝。菌种分离，应在接种箱内酒精灯旁进行无菌操作。首先将菇体对剖成两瓣，用在酒精灯火焰上灼烧杀菌并冷却的手术刀，将菇体组织割成绿豆大的小块后，挑取组织块放在斜面培养基中部。组织块可取菌柄顶部组织、菌盖组织和幼嫩菌褶等作分离材料。至于姬松茸在进行组织分离时，取何处的组织为好，还没有详细的试验报道。一般以幼菇的菌柄顶部，即菌柄与菌盖相接触部位的组织块为好。无论用何处组织分离的菌种，都要经过出菇证实是优良菌种后，才能用于生

产。将接上组织块的试管，放在25℃左右下培养，让组织块萌发出菌丝。

③**菌种纯化**　当组织块上长出菌丝，并生长到约2厘米长时，选择菌丝粗壮、整齐、无杂菌感染的试管，切取尖端菌丝体转接在另一支试管培养基上。若有细菌感染的菌种，应待菌丝生长越过细菌后，再在无细菌部位挑取菌丝体，转接在另一支试管培养基上进行培养。要经过多次切取尖端菌丝体转接培养，直到细菌被完全丢掉，无任何杂菌污染时为止。为了防止在进行菌种分离时出现细菌污染，并且在有细菌污染的情况下分离纯化出菌种，应选择不宜细菌生长繁殖的培养基，如加富PDA培养基和浜田氏培养基等，而且培养基表面要干燥，无冷凝水。这种培养基即使有细菌污染，细菌生长也较慢。姬松茸菌丝生长速度快于细菌，便于纯化，丢掉细菌。经纯化后的菌种，要转接扩大至数支菌种，以便将一部分保藏起来，另一部分用作出菇鉴定。转接时，要标明分离时间和原始菌株的名称。

(3)出菇鉴定

将分离的菌种，与出发菌株或国内推广应用的菌种，在同等条件下栽培作出菇比较试验。即采用相同的培养料和培养条件，同时采用同样的方法，进行出菇栽培，并且每个菌种的栽培数量，不得少于3平方米。栽培数量过少，误差较大。通过对菌丝生长速度、出菇产量和质量、转潮期以及抗病性能等方面的综合比较，确认其是优良菌种后，才扩大繁殖，用于大面积生产。

新分离出来的菌种为原原种，应采取长期保藏方法，将它保存起来。使用时，从中选出1～2支进行多次转接培养，扩大繁殖为生产用菌种。

5. 母种扩大繁殖

由于引进、保藏的原原种和组织分离的菌种数量较少，不能满足大面积生产用种需要，因此就需要多次转管扩大繁殖。在进行扩大繁殖时，要尽量降低转接次数，因连续转管次数过多，会造成菌种退化。控制转管次数的方法是，取一支菌种转管扩大繁殖后，将一部分菌种保存起来，另一部分用于再扩大繁殖。待用于扩大繁殖的这一批菌种用完后，再从保存的菌种中取出一些来用于扩大繁殖。如此转管，就可控制转管次数，防止菌种退化（图 13）。总之，不宜连续进行扩大繁殖，即不宜每次都用最后一次繁殖的菌种来转管。

转管扩大繁殖的方法是：首先对接种箱或接种室进行杀菌处理，如用甲醛或气雾消毒剂熏蒸杀菌。接种钩用酒精棉球擦洗杀菌后，再在酒精灯火焰上反复灼烧杀菌，冷却后，才用来挑取菌种。钩取菌种的方法是：左手持握一支菌种和一支待接种的培养基试管，按顺时针方向旋转，缓慢地拔掉棉塞，放在右手的指缝间。将试管口放在离酒精灯火焰旁1～2 厘米远，使试管口水平或稍向下倾斜。试管不宜朝外放置，否则杂菌孢子易掉入试

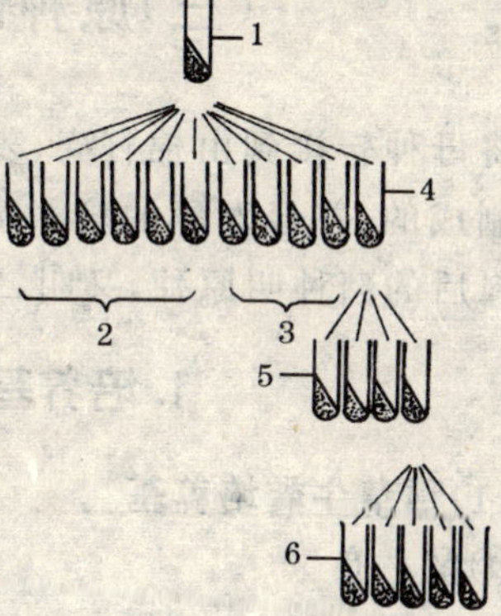

图 13　控制传代次数的方法

1. 新分离菌种　2. 液氮保藏
3. 冰箱保藏　4. 第一次转接
5. 第二次转接　6. 第三次转接
（用于生产）

管内。用接种钩将斜面上菌丝体分割成若干个小方块，每块大小如绿豆。然后挑取一块带少量培养基的菌种块，放在另一培养基中部，稍压一下使菌种块与培养基粘着在一起。在取出菌种时，一是要远离火焰，防止将菌种烫死；二是速度要快，防止杂菌进入试管内。最后塞上棉塞，贴上标签(图 14)。一般一支母种可扩大繁殖成 30～40 支菌种。接上菌种的试管，放在 25℃左右的温度下培养，经过 10 天左右后，菌丝就可长满斜面。这时，即可选择菌丝生长浓密、粗壮整齐、无杂菌污染的菌种使用。若不能及时使用，应放入冰箱内，或者放在室内干燥遮光处保存。在高温季节，贮藏时间不宜超过 2 周。

（三）原种制作技术

将母种转接到由棉籽壳、麦粒以及农作物秸秆等天然材料配制成的、并经发酵的培养基，或谷粒培养基上，菌丝长满培养料后的菌种叫原种，又叫二级菌种。

1. 培养基的配制

(1)稻草牛粪培养基

①配　方

稻草	45%
牛粪	43%
麸皮	5%
玉米粉	5%
石膏	1%
石灰	1%
含水量	65%

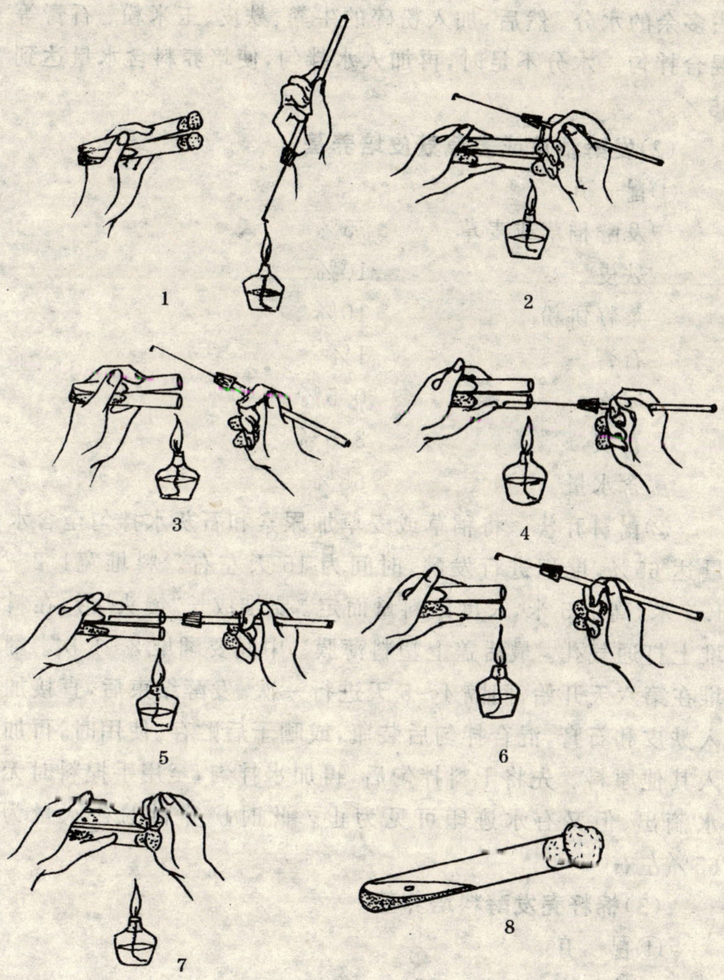

图 14　母种转管操作示意图

② **配制方法**　原料要求新鲜，干燥，无霉变。稻草铡断成小节，或粉碎成粉末。用 1%石灰水浸泡 1 天软化后，捞出沥

去多余的水分。然后，加入粉碎的牛粪、麸皮、玉米粉、石膏等混合拌匀。水分不足时，再加入水拌匀，使培养料含水量达到65%。

(2)发酵稻草或麦草麸皮培养基

①配　方

发酵稻草或麦草	75%
麸皮	10%
菜籽饼粉	10%
石膏	1%
尿素	0.5%
石灰	3.5%
含水量	65%

②配制方法　将稻草或麦草加尿素和石灰水拌匀至含水量达 65%，堆积进行发酵，时间为 15 天左右。料堆宽1.2～1.5 米，高 1.5 米，长度因料量而定。要堆成长“馒头”形，在料堆上打通气孔。最后盖上塑料薄膜。中间要翻堆 2～3 次。翻堆在第六天开始，间隔 4～5 天进行一次。发酵结束后，直接加入麸皮和石膏，混合拌匀后装瓶，或晒干后贮存。使用时，再加入其他原料。先将干料拌匀后，再加水拌匀，至用手捏料时无水滴出、但又有水迹印可见为止。此时培养料的含水量为65%左右。

(3)棉籽壳发酵料培养基

①配　方

棉籽壳	85%
麸皮	10%
石膏	1%
石灰	4%

②**配制方法** 将石灰溶解于水，加入棉籽壳料中，拌匀至含水量为65%，再堆积成长“馒头”形，覆盖塑料薄膜进行发酵。堆积发酵15～20天。在发酵期间，依次按6天、5天和4天的时间间隔，进行翻堆。发酵结束后，将培养料晒干备用。使用时，在其中加入麸皮和石膏粉，拌匀后装瓶。

(4)麦粒培养基

①**配　方**

小麦粒	98%
石膏	2%

②**配制方法** 先将小麦粒浸泡于水中，去掉杂质和不饱满的麦粒。麦粒的处理方法有两种。一种是用2%的石灰水浸泡8～10小时，捞出沥干水分后，再拌入石膏粉。另一种方法是将麦粒放入水中煮沸，煮至麦粒无白心、表皮又没有破裂，即熟而不烂为止。捞出沥干水分，并摊开冷却，然后拌入石膏粉装瓶。此外，还可在麦粒中拌入棉籽壳或木屑。这样，可防止灭菌时瓶中进水，造成麦粒破裂，还可防止麦粒结成团，以及防止菌种老化。

(5)小麦牛粪培养基

①**配　方**

小麦	80%
牛粪	20%

②**配制方法** 将小麦用水浸泡10小时后，捞出沥干水分。再拌入粉碎成粉末的牛粪。牛粪要先预湿。

(6)玉米粒培养基

①**配　方**

玉米粒	98%
石膏	2%

②**配制方法** 将玉米粒用水浸泡24小时后，再煮沸1小时左右，即煮至玉米粒熟透无白心，而又没有破裂时，捞出沥干水分，拌入石膏粉，即可装瓶。

2. 装 瓶

培养料配制好后，要及时装入洁净的菌种瓶或罐头瓶中。边往瓶内装料，边上下抖动，使装入的培养料松紧一致。装入瓶中的培养料不宜过紧。如果过紧，培养料中通透性差，就会造成灭菌不彻底，菌丝生长速度减慢。相反，若装料太松，菌丝生长快，但不浓密，长满瓶后培养料还会收缩。因此，装入的培养料要求松紧度适当，上下一致。将料装至瓶颈部为止，瓶口上的料要压紧压平，并用一根细木棍或钢筋在料的中央打孔，孔深直到瓶底。打孔的目的是增加料中的通透性。最后，用清水洗净瓶外壁和瓶口内壁培养料。洗瓶时，注意不要将水灌入瓶中。然后用棉花塞封住瓶口，或者用塑料膜封口。

3. 灭 菌

灭菌的方法有两种，一种方法是利用高压灭菌锅进行高压灭菌，另一种方法是在土蒸灶内常压灭菌。高压灭菌，因能杀灭料中所有微生物，灭菌所需时间短。常压灭菌，则花费的时间长。高压灭菌的方法是：先在锅内加足水，将料瓶立放或卧放在灭菌锅内，加热烧开水，产生蒸汽，当压力表的指针指到0.05兆帕时，停止加热，缓慢打开放气阀门，排除锅内气体。放气结束后，关闭阀门，继续加热，待压力表指针又指到0.05兆帕时，再排气一次。如此排两次气的目的是，放掉锅内冷空气，防止出现假压现象，即压力达到了，而温度却没有达到，会造成灭菌不彻底。若排除冷空气不完全，也会造成灭菌不彻底。第二次排气后，继续加热，使锅内产生大量蒸汽，压力升高。当压力达到 0.147 兆帕时，开始计时。保持 2 小时后，终止灭菌处理。然后缓慢打开放气阀门，排掉锅内气体。排气时，切勿放气量过大，以避免出现锅内减压过快，使瓶口上的封口物被冲破或冲掉。排完气后，打开锅盖，稍加冷却后，即取出料瓶。

若用土蒸灶灭菌，当灶内温度上升到 100℃左右时，保持 12～13 小时，闷一夜后取出。但谷粒培养基不能采用土蒸灶灭菌，否则会出现灭菌不彻底。

4. 接 种

从灭菌锅内取出的料瓶，放在冷却室内冷却后，再放入接种箱或接种室内。然后，对接种场所进行杀菌处理。杀菌的方法是：用甲醛(福尔马林)与高锰酸钾混合后所产生的气体，来进行熏蒸杀菌，或者用气雾消毒剂点燃后产生的烟雾，来进行熏蒸杀菌。在接种室内接种时，还可采用喷雾杀菌剂如来苏儿或新洁尔灭等来杀菌。室内和箱内安装了紫外线灯或三氧消毒杀菌机的，可打开进行杀菌，处理半小时后，开始进行接种操作。

首先，将接种钩用 75%的酒精棉球擦洗消毒，然后再放在酒精灯火焰上，反复来回灼烧杀菌，冷却后用于钩取菌种。将料瓶放在一个由铁丝或木板制成的架上，瓶口朝向酒精灯火焰旁。若在接种箱内接种时，可不用酒精灯。拔掉封口物，将母种分割成 4～5 块，用接种钩将菌种块钩入瓶内，稍压一下，让菌种与料接触好后，封盖好瓶口。封盖瓶口可用棉花塞，或塑料膜。或者盖好塑料膜，在膜上扎几个小孔，再盖一层纸。或者用双层纸来封口。一支母种可接种 4～5 瓶。接种操作速度要快，接种场所和工具要消毒彻底，严格按照无菌操作的技术要求进行。一个接种箱或接种室接种完后，搬出接上菌种的菌种瓶，清扫杂物，再放入下一批接种的料瓶进行消毒和接种。若不立即再次接种时，要及时清扫杂物，并用杀菌剂进行杀菌处理，以备下次使用。若接种箱内较潮湿时，要打开通风去湿，使之干燥，防止接种箱内生长杂菌。

5.培　养

将接上菌种的料瓶，移到培养室内培养菌丝。菌种瓶最初要直立放置，待菌种块上萌发出的菌丝吃料定植后，才能横卧堆码放置。若开始就横卧放置，菌种就会离开培养料，复活后无法吃料生长，最后会导致菌种失水干燥而停止生长。对于接上菌种料瓶的管理，主要做好以下几项工作：

(1)调节温度

温度以保持在25℃左右为宜，最高不要超过30℃。温度过高，菌丝生长减慢，还易出现杂菌感染。超过45℃，菌丝就会死亡。在夏季培养菌种时，要选择温度较低的培养室，并且要通过加强通风换气来降温，有条件的最好用空调来降温。菌种培养期间，最低温度不得低于20℃。温度过低，菌丝生长缓慢。特别是在初期，若温度太低，菌种复活吃料缓慢，时间长了，就会因失水干燥而不能萌发和生长。因此，当培养室内温度过低时，要加热来提高温度，使之保持在适宜生长的温度条件下。

(2)遮光培养

菌种要在黑暗条件下培养。因为光照对菌丝生长有抑制作用，所以要采取遮光措施，进行黑暗培养。

(3)保持培养室内干燥

空气相对湿度以60%～70%为宜。湿度过低时，培养料易失水干燥，特别是瓶口上层料失水较多后，菌种块萌发后便无法吃料生长。但是，这可通过利用塑料膜封口来防止。在雨水多的潮湿季节，湿度较大时，要加强通风换气排湿。若培养室内湿度大，就易出现杂菌感染。在培养期间，要常检查菌种生长情况，及时将感染杂菌的菌种捡出处理掉。特别是在夏天高温期间，极易感染链孢霉。链孢霉生长极快，在1周内就可长满全瓶，在瓶口上长出粉红色的孢子堆，极易散播传染。所以，在培养3天后，要开始检查，以便及时搬出有杂菌感染的菌种。链孢霉的孢子已长出瓶口的，要细心地用湿纸包裹好，或用塑料袋装好，不让孢子抖落出来，小心地把它搬出培养室及时处理掉。感染其他杂菌的，也要及时捡出。另外，要检查菌丝生长情况，菌丝长势弱的，也不能作菌种使用，应搬出培养室。检查杂菌感染要及时。在菌丝还没有长满瓶之前就要进行，并且要进行多次检查。由于有的杂菌能被菌丝所覆盖，不易发现，一旦被当作菌种使用，就会造成大面积的杂菌感染。大约培养60天，菌丝就可长满瓶，即可作为菌种使用。菌丝长满瓶后，不宜放置时间过久。在高温季节，以在1周内使用为好。在温度低于15℃的条件下，可延长保藏期，但最好不要超过1个月。放置时间过长，菌种易老化，使生活力下降，并失水萎缩，后期还易出现杂菌感染。

(四)栽培种制作

将原种转接到由农作物秸秆发酵料或谷粒等配成的基质上所培养而成的菌种，叫栽培种，又叫三级菌种。

1. 培养基配方及装料

栽培种的培养料配方，与原种的培养料配方相同。用发酵料生产栽培种时，除用玻璃瓶装料做成瓶装菌种外，还可用塑料袋装料制成袋装菌种。而用谷粒料生产栽培种时，则以用玻璃瓶装为好。装瓶方法与原种培养料的装瓶方法相同。用塑料袋装料时，塑料袋不宜太大，以 18 厘米×33 厘米，或 20 厘米×33 厘米规格的塑料袋为宜。如果塑料袋太大，装料较多，就易造成灭菌不彻底，使培养时间增长。装料的方法是，将拌好的培养料，装入塑料袋内，一边装一边予以压紧，但也不要压得过紧。因为装料太紧，通透性差，易造成灭菌不彻底，菌丝生长减慢。培养料装入后，将塑料袋两端用绳子扎好，或者在袋口上放上颈圈，再用塑料膜封口。装好的料瓶或料袋，要及时灭菌。如果放置时间过长，杂菌就会生长繁殖，造成培养料变质，而且还不易彻底灭菌。采用高压灭菌的，其灭菌操作方法，与原种培养料袋的灭菌操作方法相同，但袋装培养料的灭菌时间要稍加延长。在 0.147 兆帕的压力下，以保持 3 小时的灭菌时间为宜。在土蒸灶内进行常压灭菌的，当灶内达到 100℃左右的温度后，要保持 13～15 小时。

2. 接　种

将灭菌的料瓶或料袋冷却后，移入接种箱或接种室内，进行接种。操作时，首先要对接种场所进行杀菌处理。可用甲醛和高锰酸钾混合后所产生的甲醛气体，来进行熏蒸杀菌。或者用气雾消毒剂点燃后所产生的气体来进行熏蒸杀菌。杀菌处理 2 小时后，方可进行接种操作。用于接种的原种瓶外壁，也必须进行杀菌处理。杀菌方法是：先用杀菌剂，如高锰酸钾溶液、来苏儿液、新洁尔灭液等，对原种瓶外壁进行擦洗杀菌。对瓶口内壁，可先用酒精棉球进行擦洗杀菌，再把它放在酒精灯火焰上进行灼烧杀菌。杀菌后，用已经过灼烧杀菌处理的接种钩，去除表层菌种，钩取下面的菌种使用。接种时，打开瓶口或袋口，将菌种钩出，放入料袋或料瓶内，稍压一下，让菌种与培养料接触好。接种在袋口上的菌种，要尽量将其接在肩部。这样它才易复活吃料。接种完后，瓶口要用棉花塞，或塑料膜封口；或者先盖上一层塑料膜后，在塑料膜上扎几个小孔，再盖上一层纸，这样既可通气，又能防止菌种和表层料失水，提高成活率。在袋内接上菌种后，将袋口用纸封住，或者先盖一张带小孔的塑料膜后，再盖一层纸来封口。一般一瓶原种，可接种 40 瓶栽培种，或接种 10 袋栽培种。

3. 培　养

培养室要求干燥，能遮光，通风换气良好，容易调节温度。瓶装栽培种的培养方法与瓶装原种的培养方法相同。放置袋装栽培种时，需在培养室内搭建培养架。这样，既可增加放袋数量，又便于调节温度。培养架可用竹竿、方木条和钢材等材料制作。培养架宽 15 厘米，每层架之间相距 30 厘米，培养架的高度为 200～250 厘米，培养架与培养架之间相距 50 厘米。菌袋横放在培养架上。在夏季气温高时，应单层排放，以利于散热，防止出现高温，烧死菌丝。在冬季气温低时，应重叠堆码，关闭门窗，利用菌袋自身产生的热，使温度保持在 25℃左右。若室内温度仍然较低时，则应用火炉或电炉加热升温。此外，还可进行热袋接种，即当料袋的温度在 35℃左右，而袋口的温度已下降到 30℃以下时，就开始接种，然后趁热堆码菌袋，关闭好门窗，这样就可维持菌丝生长所需的温度。若没有培养架，在地面上直接堆码菌袋发菌的，在冬季气温低时，堆码应采取横卧堆码方法进行，堆码高度为 6～7 层。菌袋堆码好后，在上面覆盖塑料膜，进行保温发菌。瓶装菌种，接种后横卧堆码成墙，进行保温发菌。在夏季气温高时，堆码菌袋应采取“井”字形堆码方式，这样才能有效地防止高温，避免烧死菌丝。瓶装菌种，也不能采取横卧堆码的方法发菌，而只能直立放置发菌，这样才能避免出现高温抑制菌丝生长的现象。

在培养期间，要经常检查菌种生长情况和杂菌感染状况。在培养 5 天后，就要开始检查。检查杂菌要早进行。特别是链孢霉，生长极快，7 天左右就可长满瓶或袋，长出子实体并形成大量的孢子，孢子萌发生长快，极易传染。因此，要早进行检查，在链孢霉孢子形成之前，将其搬出培养室。已形成孢子的要用塑料袋小心套好，或者用湿纸包裹孢子堆，防止孢子抖落掉在室内，传染其他菌袋。感染上其他杂菌的菌袋，也要及时搬出培养室。搬出的杂菌污染菌袋，应及时烧掉或埋入土中。如果正在生产其他食用菌，则可将少量染菌的培养料倒出来，与新培养料混合拌匀，进行装袋灭菌后，接种栽培其他食用菌。感染杂菌过多的菌袋不宜使用，也不宜拌入新料后再用于生产菌种，更不能在直接重新灭菌后作接种用。这样做，菌种往往不吃料生长，因为杂菌产生的毒素已贮存在料中，即使灭菌后也仍能抑制菌丝生长。检查杂菌污染要早进行的另一个原因是，因为有的杂菌生长较慢，长势弱，会被姬松茸菌丝所覆盖。它一旦被姬松茸菌丝覆盖后，就无法知道是否有杂菌感染，将含有杂菌的菌种使用后，就会表现出大面积的杂菌感染。

另外，由于上下层菌袋之间温度不一致，其菌丝生长速度也就有差异，因此，在培养期间要将上下层菌袋调换位置，使菌丝生长一致。培养40～50天，菌丝就可长满瓶或袋，即可作为菌种使用。栽培种菌丝长满全瓶或全袋后，不宜放置时间过长，否则菌种就会老化，失水干燥，生活力下降。谷粒培养基菌种会变软，吐出黄水，出现萎缩。培养好的栽培菌种，在低温下，可保藏2周左右；在高温季节，以在1周内使用为好。

（五）菌种保存方法

保存菌种的目的，一是使菌种不丢失；二是保持菌种的优良特性，减少变异，降低其衰亡速度；三是确保菌种的纯度，防止杂菌污染。因此，菌种保存是一项十分重要的工作。常用的菌种保存方法有以下几种：

1. 继代保存

继代保存，又叫低温斜面保存。这是一种最简单、最常用的菌种保存方法，适合于一般菌种生产厂和生产者使用。其做法是：选择营养丰富的半合成培养基，如加富PDA培养基，并在其中加入0.2%磷酸二氢钾和0.05%硫酸镁等缓冲剂，以中和在保存期间产生的有机酸。为了减少培养基水分散失，延长保存时间，可将琼脂用量增加到25%。培养基斜面也不宜过长，以高层斜面培养基为好。因高层斜面培养基失水干燥较缓慢，可延长保存期。培养基上接上菌种后，要把它放在25℃的温度下培养菌丝。待菌丝长满斜面后，贴上标签，注明菌种名称和保存开始日期，将菌种瓶捆扎好并用牛皮纸包好后，放入冰箱内保存。在保存期间，温度应维持在4℃～6℃之间。若将棉塞换成带孔的橡胶塞（塞孔用棉花堵住），可减慢培养基水分蒸发速度，延长保存时间，还可防止棉塞因受潮而长出霉菌。每隔3～4个月，应转管一次。如果是用带孔的橡胶塞封口的，转管期可延长到半年。

2. 液体石蜡保存

液体石蜡保存，是将经过灭菌并去掉水分的液体石蜡，灌入母种试管内，利用液体石蜡来使菌种与空气相隔离，降低其代谢活性，防止水分蒸发。采取这种方法保存母种，一般可保存6～8年，但最好1～2年转接一次。

(1)液体石蜡的处理

将纯质液体石蜡装入300毫升的三角瓶中，用八层纱布封口，在高压锅内0.147兆帕的压力下灭菌30分钟，连续进行2～3次。再放入120℃烘箱内处理2～3小时，让液体石蜡中的水分散发掉，直到液体石蜡中无白色雾状物为止。

(2)接种培养

按常规方法接种培养，但斜面培养基不宜太长。接种时，选择无杂菌感染、菌丝生长浓密粗壮的菌种使用。

(3)灌注液体石蜡

在接种箱内或超净工作台上进行无菌操作，将液体石蜡灌入菌丝生长浓密粗壮，无杂菌的试管斜面菌种中，使石蜡液面高出培养基1厘米左右。

(4)封　口

将液体石蜡灌入母种试管后，可采取以下两种方法封口：一是采用橡胶塞封口，即将橡胶塞经高压灭菌处理并烘干水分后，用以封塞瓶口；二是采用固体石蜡封口。其做法是：将棉塞齐管口剪平，稍向内压，使之成凹坑状，然后将熔化的固体石蜡，趁热倒入管口棉塞上方的凹坑内，冷却后就在管口棉塞上覆盖了一层石蜡，将管口封严。最后贴上标签，标明菌种名称、来源和保存开始时间。保存时，将菌种直立放置，贮藏在洁净、阴凉的室内。在贮藏期间，若液体石蜡已经减少，斜面露出时，就要及时补充石蜡。

(5)菌种使用

用液体石蜡保存的母种，使用时要先进行活化培养。其做法是：首先从液体石蜡中取出菌种，转接在另一斜面培养基上，放在 25℃下培养，余下的菌种仍然保藏起来。由于菌种上带有石蜡，菌丝生长慢，长势弱，需切取前端菌丝转接培养一次，当菌丝体上不再带有石蜡时，方可恢复正常生长。在转管培养时，注意不要将液体石蜡与火焰靠得太近，以免石蜡发生燃烧。

3. 发酵棉籽壳培养基保存法

采用这种保存方法所用的培养基，其配方为发酵棉籽壳 88%，麸皮 10%，蔗糖 1%，石膏 1%。培养基的含水量为 65%。培养料配制好后，装入 18 毫米×180 毫米，或 20 毫米×200 毫米的试管内，装料的高度为 5 厘米。将管口内外壁上的培养料洗净后，用耐高温的聚丙烯塑料膜封口，放在高压锅内灭菌(0.147 兆帕)2 小时。然后取出接入菌种，放在 25℃下培养，到菌丝离管底 1 厘米左右时，就可进行保藏。保藏时，要将塑料膜封口换成棉塞封口，或者换成带孔的橡胶塞封口。后者较前者不易失水干缩。封口后，选择菌丝生长健壮的菌种放入冰箱内保存，可保藏 1～2 年。

使用时，取出菌种，放在 25℃下培养活化 1 天后，去掉表层菌种，取中部至下部的菌种，移到斜面培养基上，放在 25℃下培养。待菌丝生长到 2 厘米长时，切取前端菌丝，进行转接培养。待菌丝长满管后，再扩大繁殖。

4. 麦粒保存法

挑选籽粒饱满、无病虫害的小麦粒，放入水中浸泡 8～10 小时，捞出沥干水分后，拌入 2%石膏粉。或者将去除杂质后的小麦粒，放入锅内加水煮沸，煮至小麦粒中央无白心，但又不破皮为止。然后捞出，沥去水分，拌入 2%的石膏粉。小麦粒拌好石膏粉后，将其装入试管中，装入麦粒的高度为 5 厘米左右。接着，将装有小麦粒的试管放在高压锅内，在 0.147 兆帕的压力下，灭菌 2 小时，冷却后按无菌操作要求，接入菌种。然后，再将其放在 25℃下培养，待菌丝长满后，选择菌丝生长健壮的菌种来保存。将菌种放入冰箱内保藏，一般可保藏 1～2 年。使用时，从冰箱中取出菌种，在 25℃左右下放置 1 天，让其活化后，挑取 1 粒麦粒放在斜面培养基中部，再放在 25℃下培养。待菌丝生长长度达到 2 厘米左右时，挑取前端菌丝进行转接培养。待菌丝长满斜面后，可将其作为母种来扩大繁殖。

五、姬松茸的栽培技术

（一）栽培季节

姬松茸是一种中温偏高温型菇类，它的出菇温度范围为16℃～33℃。在春秋季节和夏季都可栽培，适宜出菇季节为4～10月份，制种季节应安排在2～4月份，在3～4月份开始播种栽培。1年可生产两季姬松茸。第一季在3～4月份播种栽培，4～8月份出菇。第二季在8～9月份播种，9～11月份出菇。最好是在春季播种栽培。

（二）栽培原料准备

姬松茸的生产原料，主要是由农作物秸秆、畜禽粪、化学肥料等组成。将多种原料按照姬松茸的营养生理特性，按一定比例配制成栽培的培养料。根据各种原料在培养料中所占的比例，分为主料和辅料两类。掌握各种原料的营养和物理特性，是进行科学配制培养料，获得高产优质姬松茸的关键。

1. 主　料

主料是指生产中的主要原材料，用量占70%以上，主要为农林副产物，如杂木屑、棉籽壳、玉米芯、玉米秸秆、稻草、麦秸、高粱秆、高粱壳和蔗渣，以及各种野草等。

(1)稻　草

稻草是农业生产中最多的秸秆原料之一。它是栽培姬松茸的一种主要原料。稻草中粗蛋白质含量为1.8%，粗脂肪含量为1.5%，粗纤维(含木质素)含量为28.0%，可溶性碳水化合物含量为42.9%，粗灰分含量为12.4%。栽培姬松茸用的稻草要求干燥，无霉变。

(2)麦　草

麦草又叫麦秸。有小麦草和大麦草两种。大麦草在我国的数量少，主要是小麦草，在南北方地区都有分布。大麦草的蛋白质含量高，是小麦草的两倍。大麦草的粗蛋白质含量为6.4%，粗纤维(含木质素)含量为33.4%，可溶性碳水化合物含量为38.7%，粗灰分含量为7.9%。小麦草的粗蛋白质含量为3.1%，粗脂肪为1.3%，粗纤维和木质素的含量为32.6%，可溶性碳水化合物含量为43.9%。由于小麦草中空，壁厚，外层为蜡质层，堆料时占据空间大，不易腐熟。因此，用小麦草作姬松茸培养料时，需用石磙将其碾破变软后使用。

(3)玉米秆

玉米秆也是农业生产中的主要秸秆原料之一，也可用作栽培姬松茸的原料。玉米秆中粗蛋白质含量为3.5%，粗脂肪含量为0.8%，粗纤维和木质素含量为33.4%，可溶性碳水化合物含量为42.7%。玉米秆需经粉碎后使用。

(4)玉米芯

玉米芯是指着生玉米棒的中轴部分，又叫玉米轴等。玉米芯的粗蛋白质含量为2.0%，粗脂肪含量为0.7%，粗纤维素和木质素含量为28.2%，可溶性碳水化合物含量为58.4%。玉米芯需粉碎成小颗粒后使用。

(5)高 粱 秆

高粱秆是我国高粱产区的主要秸秆原料。高粱秆中粗蛋白质含量为 3.2%，粗脂肪含量为 0.5%，粗纤维素和木质素含量为 33.0%，可溶性碳水化合物含量为 48.5%。用于栽培姬松茸时，需粉碎成粉末后使用。以与稻草或棉籽壳等原料混合堆制发酵使用为好。

(6)高粱壳

高粱壳是指高粱籽粒的外壳。高粱壳含氮量丰富，可溶性碳水化合物含量高，较硬，呈颗粒状，通透性好，是生产姬松茸菌种的优质原料之一。据分析，高粱壳中粗蛋白质含量为 10.2%，粗纤维素和木质素含量为 5.2%，粗脂肪含量为 13.4%，可溶性碳水化合物含量为 50.0%。高粱壳表面有一层蜡质，较疏松，应与牛粪、发酵棉籽壳或秸秆混合使用。

(7)蔗　渣

蔗渣是指甘蔗榨取糖汁后留下的皮层和髓层部位的粉碎物。甘蔗渣皮层坚硬，髓层柔软。据分析测试，蔗渣中粗蛋白质含量为 1.5%，粗脂肪含量为 0.7%，粗纤维素和木质素含量为 44.5%，可溶性碳水化合物含量为 42.0%，粗灰分含量为 2.9%。甘蔗渣较柔软，疏松，赋有弹性。使用时应与稻草，或麦草，或棉籽壳，或牛粪等原料，混合堆制发酵后使用。

(8)棉　渣

棉渣，又叫废棉。指棉纺企业加工后的下脚料，是一种棉花短纤维。废棉中粗蛋白质含量为 7.9%，粗脂肪含量为 1.6%，粗纤维木质素含量为 38.5%，可溶性碳水化合物含量为 30.9%，粗灰分含量为 8.6%。用棉渣栽培姬松茸时，以与稻草，或麦草，或棉籽壳等原料，混合堆制发酵后使用为好。

(9)杂 木 屑

杂木屑是指阔叶树的木屑。含有油脂和芳香类物质的树木的木屑不能使用，如松树、杉树、香樟树、桉树等。木屑为木材加工厂的下脚料，或者用树枝或小树木粉碎而成。后一种粉碎而成的木屑，它的有用养分含量高。因为树木小，边材多，心材小，而营养物质主要贮存在边材中。木材加工厂的木屑，因树木大，边材少，心材多，养分含量较少。据分析测试，杂木屑中粗蛋白质含量为1.5%，粗脂肪含量为1.1%，粗纤维木质素含量为71.2%，可溶性碳水化合物含量为25.4%。杂木屑中蛋白质含量低，而粗纤维木质素含量高，在利用时，用量不能太多。若杂木屑中含有少量松树、杉树、桉树和香樟等树木的木屑，则应将其堆积在室外，经日晒雨淋处理6个月以上，就可去掉有害物质。利用杂木屑栽培姬松茸时，需将少量的杂木屑与稻草和牛粪等原料混合，堆制发酵后使用。

(10)斑　茅

斑茅，又叫大密。属禾本科，甘蔗属。它广泛分布在山林、沟边和田边。斑茅中的主要养分比杂木屑的含量高，其粗蛋白质含量为2.75%，粗纤维素含量为62.5%，粗脂肪含量为0.99%，含氮量为0.60%，含磷量为0.12%，含钾量为0.764%，含钙量为0.171%，含镁量为0.086%，灰分含量为9.56%。用斑茅作栽培姬松茸的原料时，需用机械粉碎成粉末或铡成短节后，与稻草、牛粪等混合，经堆制发酵后使用。

(11)牛　粪

牛粪中养分含量较低，质地细密，透气性差，故称为冷性肥料。鲜牛粪中，一般含水量为38.3%，含有机质14.5%，含氮0.32%，含磷0.25%，含钾0.15%，含钙0.16%。其碳氮比(C/N)：水牛粪为31.3，黄牛粪为21.7，奶牛粪为24。牛粪也是栽培姬松茸的主要原料之一。

(12)马　粪

马粪中的纤维素、半纤维素含量高，质地疏松多孔，是热性肥料。用于堆肥，能促进高温纤堆素分解细菌的繁殖，有利于提高发酵料的质量。新鲜马粪含水分75.8%，含有机质21.0%，含氮0.58%，含磷0.30%，含钾0.24%，含钙0.15%。

(13)鸡　粪

鸡粪是一种含氮量高的肥料，是栽培姬松茸的优质原料。鲜鸡粪中含水分50%，有机质25.5%，氮1.65%，磷1.54%，钾0.85%。

(14)鸭　粪

新鲜鸭粪中含水分56.6%，有机质26.2%，氮1.10%，磷1.4%，钾0.85%。鸭粪也是栽培姬松茸的优质原料。

各种原料的养分和物理性质都不相同，充分了解各种原料的成分和特性，就能合理地将其配制成姬松茸的优良培养基质，达到既能增加产量，提高品质，又可降低原料成本的目的。各种原料的主要营养成分详见附录四。

2.辅　料

(1)麸　皮

麸皮，又叫麦麸和麸子。是面粉加工中的下脚料，主要是小麦的种皮。麸皮中，粗蛋白质含量为7.92%，粗脂肪含量为1.62%，粗纤维素含量为6.57%，可溶性碳水化合物含量为59.26%。麸皮是姬松茸菌种生产中常用的氮素营养物质，一般用量为10%～20%。

(2)玉 米 粉

玉米粉又叫包谷粉。是由玉米籽粒加工粉碎而成的粉末。它也是姬松茸生产中的优质有机氮素营养物质。玉米粉中，粗蛋白质含量为 9.6%，粗脂肪含量为 5.6%，粗纤维素含量为 1.5%，可溶性碳水化合物含量为 69.7%。玉米粉中所含的蛋白质比麸皮高，因此，在用量上要比麸皮少，一般用量为8%～10%。此外，它还可与麸皮或米糠混合使用，但两者在用量上，都要适量减少。

(3)米 糠

米糠因加工稻米机械的不同和加工部位的不同，其养分含量差异较大。米糠大致可分为三类：一类是统糠，是由一次性加工出稻米而生产出来的米糠，包括洗米糠和谷壳糠。二类是洗米糠，是指脱去谷壳后，再从大米表面脱下的一层糠。三类是谷壳糠，是指用谷壳粉碎而成的糠，谷壳糠是指稻谷的最外层壳，不含有洗米糠。这三类米糠的养分，蛋白质含量最高的是洗米糠，含量为 9.4%；其次为统糠，蛋白质含量为 2.2%，仅为洗米糠的 1/4；再次为谷壳糠，其蛋白质含量为 2.0%。生产上常用统糠作为氮素营养物质，一般用量为 20%～30%，比麸皮的用量大。在日本的食用菌生产中，主要是用米糠来补充氮素营养物质。米糠中含有丰富的 B 族维生素，是姬松茸生长不可缺少的物质。谷壳因表面为蜡质层，不易被姬松茸菌丝分解利用，因此，不宜直接作为氮素营养物质补充，否则会造成菌丝生长不良。但在通透性不良的培养基中，适当加入谷壳，可改变培养料的通透性，提高菌丝体的生长速度。洗米糠也可用作氮素补充营养物质使用，但因其蛋白质含量高，故要适当减少用量，一般以 8%～10%为宜。

(4) 黄豆饼粉

黄豆饼粉，又叫大豆饼粉。是榨取大豆油后的下脚料。其蛋白质含量高，为麸皮的2.5倍，是一种氮素含量高的有机营养物质。黄豆饼粉的粗蛋白质含量为35.9%，粗脂肪含量为6.9%，粗纤维素含量为4.6%，可溶性碳水化合物含量为34.9%。由于其蛋白质含量高，因此，在用量上要适当减少，一般用量为10%左右，可与麸皮或米糠混合使用。单独使用时，因其数量少，不易在料中分布均匀，以混合使用为好，但在用量上要减少，以5%的用量为宜。麸皮和米糠的用量也要相应减少，以15%～20%为宜。

(5)菜籽饼粉

菜籽饼粉，又叫油枯和麻枯。是油菜籽榨油后的下脚料。菜籽饼粉中蛋白质含量高，比黄豆饼粉的蛋白质含量还略高一些。据分析，菜籽饼粉的粗蛋白质含量为38.1%，粗脂肪含量为11.4%，粗纤维素含量为10.1%，可溶性碳水化合物含量为29.9%。由于菜籽饼粉中含氮量高，因此，在用量上要少一点，一般为5%～10%。其用量的多少，应根据培养料中牛粪用量多少来定。若为无粪合成料，用量要加大。

(6)花生饼粉

花生饼粉是指花生榨油后的下脚料。它的蛋白质含量高于菜籽饼粉和黄豆饼粉，是一种较好的氮素营养物质。据分析测试，其粗蛋白质含量为43.8%，粗脂肪含量为5.7%，粗纤维素含量为3.7%，可溶性碳水化合物含量为30.9%。由于花生饼粉的蛋白质含量高，因此其用量的多少，与菜籽饼粉的用量基本相同。

(7)尿　素

尿素是一种有机氮素化学肥料，又叫脲。它的分子式为

$CO(NH_2)_2$。它是白色晶体，含氮量为42%～46%，温度超过熔点时即分解为氨。尿素可作为培养料的氮素补充营养，其用量一般为0.5%～1.0%，是姬松茸培养料中的重要化学氮肥。

(8)硫 酸 铵

硫酸铵是一种速效氮素化学肥料。其分子式为$(NH_4)_2SO_4$，含氮量为20%～21%，是姬松茸生长的较好氮素养分，一般用量为2%～2.5%。

(9)过磷酸钙

过磷酸钙是一种化学磷肥，又叫过磷酸石灰和磷肥。主要化学成分是磷酸二氢钙和无水硫酸钙，含磷(P_2O_5)量为14%～20%。磷是细胞代谢中十分活跃的元素，是核酸和磷脂及其高能化合物ATP的组成元素，故磷肥是一种常用的添加养分。一般用量为1%～2%。由于过磷酸钙为酸性，使用后会降低培养料中的pH值，因此在拌料时，要适当加大石灰用量。

(10)磷酸二氢钾

磷酸二氢钾(KH_2PO_4)也是一种化学肥料。它溶于水，所含的磷为速效成分。它不仅可补充磷，还可补充钾。

(11)石 膏

石膏是一种矿物，化学名称为硫酸钙。它的分子式为$CaSO_4 \cdot 2H_2O$。它为白色或粉红色细粉末。石膏是培养料中常用的辅料，一般用量为1%。石膏的主要作用，是改善培养料的结构和水分状况，增加通气性，补充钙素营养，调节培养料的pH值，使pH值稳定在一定的范围。

(12)碳 酸 钙

碳酸钙是一种盐类，纯品为白色粉末，其分子式为

$CaCO_3$，极难溶于水。它的水溶液为弱碱性。碳酸钙可分为轻质碳酸钙和重质碳酸钙，生产上常用的是轻质碳酸钙，但也可用重质碳酸钙。其用量一般为1%。因碳酸钙水溶液能对酸碱度起缓冲作用，故常用作缓冲剂和钙素营养加入培养料中。

(13)硫 酸 镁

硫酸镁是一种盐类，医药上俗称泻盐。它的分子式为 $MgSO_4 \cdot 7H_2O$。它是无色或白色的晶体或白色粉末，主要是供补充镁离子用。镁离子对细胞中的酶有激活作用。常在培养基中加入硫酸镁，一般用量为0.03%～0.05%。

(14)石 灰

生石灰遇水后成为熟石灰——氢氧化钙，其中含有2%～20%的石膏，可以中和培养料中过多的酸，也可补充培养料中的钙元素。由于石灰是一种碱性物质，因而一般用于调高培养料的pH值，还可用于驱避和杀灭一些杂菌和害虫。

由于各种辅料中蛋白质含量差异较大，因此在用量上和用法上都不一致。在配制培养料时，要根据原料自身的蛋白质含量高低，来确定加入量的多少。若使用的原料中蛋白质含量高，辅料使用量就要相应地减少；相反，若蛋白质含量低时，则要加大用量。几种常用辅料的主要养分的含量比较，详见附录四。

(三)培养料配方

配方1：稻草72%，米糠10%，菜籽饼粉10%，尿素1%，过磷酸钙2%，石膏2%，石灰3%。

配方2：稻草42%，棉籽壳42%，牛粪7%，麸皮6.5%，钙镁磷肥1%，碳酸钙1%，磷酸二氢钾0.5%。

配方 3：稻草 50%，牛粪 42%，花生饼 2%，过磷酸钙 1.25%，碳酸钙 3%，石膏 1%，尿素 0.75%。

配方 4：稻草 41%，牛粪 10%，蔗渣 40.5%，麸皮 6%，钙镁磷肥 1%，碳酸钙 1%，磷酸二氢钾 0.5%。

配方 5：茅草 70%，棉籽壳 15%，干鸡粪 10%，复合肥 2%，石灰 3%。

配方 6：稻草 50%，蔗渣 24%，干牛粪 20%，尿素 0.5%，碳酸氢铵 1%，过磷酸钙 1%，石膏 1%，石灰 2.5%。

配方 7：稻草 70%，牛粪 24%，尿素 0.5%，碳酸氢铵 1%，过磷酸钙 1%，石膏 1%，石灰 2.5%。

配方 8：稻草 42%，麦草 30%，米糠 10%，菜籽饼粉 10%，尿素 1%，过磷酸钙 2%，石膏 2%，石灰 3%。

配方 9：菌渣 60%，稻草(节或粉)17%，菜籽饼粉 8%，米糠 10%，石膏 1%，过磷酸钙 2%，石灰 2%。

配方 10：稻草 30%，木屑 30%，甘蔗渣 30%，麸皮 5%，硫酸铵 2%，过磷酸钙 2%，石灰 1%。

配方 11：稻草 52%，麦草 20%，米糠 10%，菜籽饼粉 10%，尿素 1%，过磷酸钙 2%，石膏 2%，石灰 3%。

配方 12：玉米秆 34%，棉籽壳 34%，小麦秆 20%，干鸡粪 10%，碳酸钙 1.5%，硫酸铵 0.5%。

(四)堆制发酵(一次发酵)

1.建 堆

栽培的主要原料为稻草和麦草，其中以稻草为好。稻草要干燥，无霉变，不腐烂。使用稻草时，可用整草来堆制，但为了将来便于翻堆，应铡断成二节或三节后再建堆。麦草要碾破后使用。碾破后的麦草才易吸水湿透，易于发酵。碾破的方法有两种：一种是用石磙碾破，另一种是用收割机"过腹"破碎。玉米秆等较粗的原料，也要粉碎后使用。

在建堆发酵时，先要进行预湿处理，即将准备好的草料，浇水预湿，让水分湿透草料。预湿的方法：一是直接向草堆上浇水，直到淋透草料为止。另一种是将草料放入池中淹泡几十分钟，待其吸足水后，捞出沥去多余的水分。将湿透的草料堆放 2～3 天，让草料充分均匀吸收水分，让多余的水分流掉，然后才开始建堆。草料预湿处理的要求，一是要吸水湿透，并且均匀一致，二是吸水量不能太多，以含水量在 70%左右为宜。如果草料中水分含量过多，将会影响发酵质量。

建堆的场所，离栽培场要近，并且要水源方便，地势平坦，不积水，通风向阳。建堆时，将预湿的草料铺一层在地面上，按料堆宽 1.5 米，高 1.5 米，长度因料量和场地而定的规格建堆。铺料 30 厘米厚后，均匀地撒上一层其他混合均匀的原料。但是，尿素或硫酸铵要溶解于水后再加入，并且从第三层后开始，由少到多地依次加入料中。这样，肥液由上面流向下边，就会使料中的养分和水分含量均匀一致，但用水量不宜过多，以免料中出现含水量偏多。如此一层草料、一层辅料地建堆，并且边堆料边踩实，直到堆至 1.5 米高为止。在建堆时，每隔 1 米左右直立一根粗竹竿或木棒，堆完料后将其拔去，使料堆上形成许多通气孔，从而有利于提高培养料的发酵质量。料堆四面要垂直整齐，堆成长方形，顶部为龟背形（图 15）。料堆不能堆成圆形堆，也不能堆得太宽和太矮，因这样的料堆厌氧层大，不利于发酵。料堆好后，用草帘覆盖，使料堆保温保湿，利于发酵。下雨时，要用塑料膜盖好料堆，防止雨水进入料中。或者在料堆上直接用塑料膜覆盖，以便保温保湿。经过2天后，要将料堆顶端露出来，同时将料堆四周底部的塑料薄膜卷起10厘米高，以增加料堆的通气性。在雨天，则要在露出的料堆顶部盖上塑料薄膜，防止雨水进入料内。覆盖塑料薄膜后，四周用石块或土块压实，或在其上面再盖一层草帘，防止薄膜被风掀开。在气温较高时，以覆盖草帘为好。气温低时所建的料堆，应覆盖塑料薄膜，才有利于保温保湿，促进发酵。

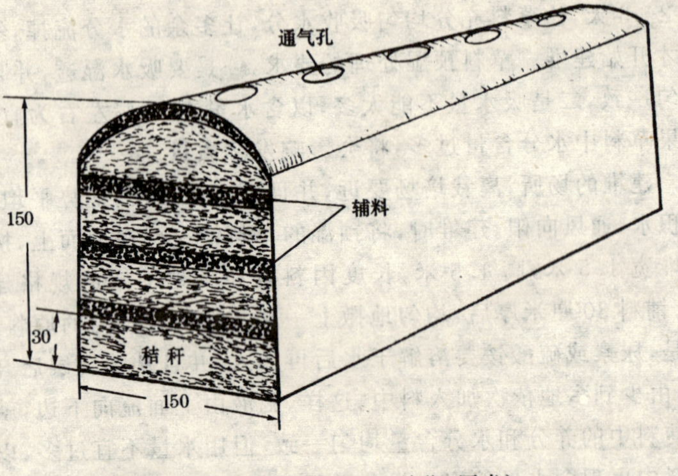

图15 料堆形状 （单位：厘米）

建好堆后，应在料堆四周开一条排水沟和一个蓄水池，将料中流出的水贮存在池中。由于这些水含有较丰富的养分，因此应将它再浇在料堆上，以防止料堆中的养分随水流失，同时也防止下层料因积水过多而造成发酵质量不良的现象。

建堆后3～4天，料堆内的温度逐渐上升，最高可达到80℃左右。若在料堆中加入增温剂（高温微生物菌群），料堆内温度就上升更快，在第二天就可上升到80℃左右。当料堆内温度不再上升，并开始下降时，就要开始翻堆，一般在建堆后第六至第七天开始翻堆。

2. 翻堆

（1）翻堆的目的

对料堆进行翻动，其目的在于改善料堆内发酵条件，排除料堆内的二氧化碳，增加氧气，调节水分，使含水量均匀一致，为料堆内微生物的生长繁殖创造一个良好的条件，使培养料发酵均匀一致。

（2）翻堆的注意事项

①**要及时翻堆** 当料温由最高开始下降时进行。

②**要均匀一致** 通过翻堆，要使主料和辅料、内部和外部、上层和下层，混合均匀，并且使含水量也基本一致。

③**要灵活调节** 若料温不易上升，水分偏少，料堆过大，则要及时提早翻堆，采取有效补救措施，提高料堆内温度。

④**料堆要两头宽，中间窄** 在第一次至第三次翻堆时，每次要将料堆宽度缩小 30～40 厘米，第四、五次翻堆时，又要使料堆放宽 30～35 厘米。

⑤**要设通气孔** 从第三次开始，每次翻堆时都要在料堆上埋插粗竹竿或木棒，翻堆完毕后，将其拔去在料中形成若干个通气孔，促进料中微生物的生长繁殖，提高发酵质量。

⑥**要添加养分** 在第三次翻堆时，将所需养分添加完。

⑦**要注意防治虫害** 若料中出现螨虫等害虫，在翻堆时，要喷洒农药杀虫。

⑧**要消除氨气** 在最后一次翻堆时，如果料中有氨气味时，则应在料中喷 1%的甲醛或 1%过磷酸钙溶液，边喷边翻料。将料中氨气去掉后，才能用于接种栽培。否则接种后会出

现氨害，使菌种不生长，造成菌种死亡。

(3)翻堆方法

翻堆的次数，应根据料堆发酵方法来确定。若利用一次发酵料直接铺料栽培的，发酵时间要稍延长，需翻堆5～6次，发酵时间为28天左右。翻堆的间隔天数依次为7天、6天、5天、4天和3天。若一次发酵后还要进行二次发酵的，则一次发酵的时间要稍短一些，以12～14天为宜，翻堆次数为2～3次，间隔天数依次为4天、3天和3天。粪草料的堆制发酵时间，要比合成料的时间短，可减少1～2次翻堆的工序。

第一次翻堆：建堆3～4天后，料温可上升到80℃左右。当料温开始下降时，就要及时翻堆，即在建堆后的第六、七天进行第一次翻堆。所谓翻堆，就是将料堆拆开，重新建堆。翻堆的方法是：将料堆翻开，把培养料抖散，按照上层料放入下层，外部料放入中部，内部料放在外部，下层料放在上层，即内外、上下层料进行交换的方法，重新建堆。从料堆顶部开始翻起，在另一侧重新建堆，即进行翻滚式翻堆。重新建堆时，要使料堆宽度缩小35～40厘米。翻堆时，要边抖散边堆料。若料中水分不足，则要适当补充水分。相反，如果水分过多，则要摊开晾晒，让多余的水分蒸发掉，或者加入一些干原料来吸收多余的水分。新建料堆的形状，与原来的堆形相同。翻堆完毕后，再盖上塑料薄膜或草帘，进行保温保湿，以利发酵。若是用草帘覆盖的，在雨天要及时加盖塑料薄膜，防止雨水进入料堆内，造成水分偏高。雨停后，要及时揭去塑料薄膜，放在料堆旁备用。经过2～3天后，料温就可上升到80℃左右，当料温上升到最高点并开始下降时，再进行翻堆。若要进行二次发酵处理，则应在建堆4天以后开始翻堆。一般是在第六天开始翻堆。

第二次翻堆：一般在第一次翻堆后的第六天进行。翻堆方法同上。在建堆时，因原料经过前段时间发酵后，已经软化，料堆体积缩小，因此在建堆时，其宽度又要比上一次的缩小30～35厘米，而且高度也要适当降低。最后，盖上塑料膜或草帘。若一次发酵的料，要进行二次发酵处理时，则应在翻堆3天后再进行下一次翻堆。

第三次翻堆：一般在第二次翻堆后的第五天进行。翻堆方法与前面的相同。但在此时建堆时，应将敌敌畏等杀虫农药，均匀地喷洒在料面上。在建堆时，同样要插入粗竹竿或木棒，待堆好料后，将其拔去，继续在料堆中形成若干个通气孔。在用塑料膜覆盖时，要将料堆上的通气孔露出来，以增加其透气性，促进有益微生物的生长繁殖，提高发酵质量。进行二次发酵处理的，在上一次翻堆3天后又进行翻堆，再发酵3天后，将发酵好的料，移到菇房内进行二次发酵处理。

第四次翻堆：在第三次翻堆后的第四天进行，方法同上。此时建堆，要比第三次翻堆时所建料堆加宽35～40厘米。同时，要检查培养料的发酵情况。其具体的内容如下：一是检查有无臭味和氨味。若有氨味，在翻堆时，则需喷洒1%甲醛或1%过磷酸钙液来消除。二是检查料中秸秆的腐熟程度。以秸秆为棕褐色，秸秆用手一拉即断，并有弹性为宜。三是检查水分。用手捏料，指缝间有水迹印可见，而无水滴出为含水量适宜；若有水滴出，表明水分含量偏高，应设法降低含水量。四是检查酸碱度。用pH试纸检测，以pH值7～8为宜。若pH值偏低，应加石灰粉（含水量偏低时，则加石灰水）拌匀，提高发酵料的pH值。五是检查有无害虫。若料中有螨虫等害虫出现，则应喷洒敌敌畏或扫螨特等农药，边翻料边喷药，翻完后盖严塑料膜，密闭几天，就可杀死害虫。

在第四次翻堆时，若料的质量已达到标准，则再堆积2～3天，就可进行接种栽培。若料的腐蚀度不足，则需再堆积3～4天后，再翻一次堆，继续进行发酵，直到发酵质量达到要求为止。

用于直接栽培的一次发酵培养料，其质量标准是：培养料无臭味、酸味和氨味，为棕褐色，草秆有弹性，一拉即断。含水量在65%左右，用手捏料，指缝间有水印，但无水滴出。pH值为6.5～7.0。采用合成料堆制发酵的料，往往会产生游离氨，因此，需要在料中喷洒1%甲醛或过磷酸钙来消除氨，然后才可用于栽培。否则会出现氨害，造成接种后，菌种不萌发生长。

堆积发酵时间不要太长，以恰到好处为止。否则，料中养分损失较大，将会影响姬松茸的产量。发酵达到标准程度后，要立即终止发酵。不能及时铺料接种栽培的，要将料摊开降温，抑制微生物生长繁殖，使之停止发酵。若发酵时间太短，料中杂菌未完全被杀死，培养料腐熟程度不一致，出现"夹生料"，栽培时就会长出鬼伞等杂菌，将会影响产量。

一次发酵培养料的堆制操作步骤如下：

草料准备→预湿 $\xrightarrow{2\sim3\text{天}}$ 建堆 $\xrightarrow{7\text{天}}$ 第一次翻堆 $\xrightarrow{6\text{天}}$ 第二次翻堆 $\xrightarrow{5\text{天}}$ 第三次翻堆 $\xrightarrow{4\text{天}}$ 第四次翻堆 $\xrightarrow{3\text{天}}$ 拆堆(终止发酵)

3. 发酵中常出现的问题及对策

(1)料温升不高

建堆2～3天后料温上升不高，其主要原因是原料偏干或偏湿，或者缺少氮素肥料。出现这种情况后，应及时调节，重新建堆。水分少时，应向料中浇水，补足水分。原料偏湿时，一是加入干料混合,利用干料吸收多余的水分,二是撒开料堆进行晾晒,让多余的水分蒸发掉。缺少氮素养分时,应添加菜籽饼粉或米糠或尿素来补充。

(2)料中出现臭味和酸味

这主要是料堆过宽,厌氧层大,造成厌氧发酵所致。解决办法是:将料堆撒开,加入石灰水或干石灰粉(料偏干时,加石灰水;偏湿时,则加干石灰粉)拌匀,调节培养料的 pH 值,使之达到 7.5~8,并重新建堆。建堆时,要降低料堆宽度,以1.5米为宜,并使料堆成长方形,四面垂直整齐,高度为 1.5 米。在料堆中,要从上至下打孔,形成若干个通气孔,以增加料中氧气量,降低厌氧发酵面积。

(3)料中出现氨味

若料中出现有氨味,表明料中存在大量的游离氨。一般用合成料发酵时,往往会有氨气出现。有氨味的培养料接种后,会造成菌种不吃料生长而死亡。其解决措施:一是向料中喷1%甲醛液或 1%的过磷酸钙液,并与料混合均匀,以消除料中的氨;二是将料抖散,铺在菇床上,不要马上播种,待其氨气散发掉后,再播种栽培。

(4)含水量过高或偏低

培养料中含水量过高或偏低,都不宜接种栽培,因这种料接种栽培姬松茸后,会影响菌丝生长,降低产量。若料中含水量过高,用手捏料有水滴出,则应将发酵料摊开晾晒,让多余水分蒸发掉,降到水分适宜时,再铺料接种栽培。若料中水分偏低,则应适当喷水调节,使水分含量达到 65%左右方可。

（五）一次发酵料栽培方法

1. 室内床架栽培

姬松茸的室内栽培，可在住房内或草棚菇房内进行。其栽培场所，要求能调温、保湿，通风换气性能良好，光照强。

（1）菇房建造

在田间建造草棚菇房，夏天能降温，冬天又可遮风保温，并且容易保湿，因而是栽培姬松茸的理想菇房。

菇房要选择在地势较平坦的空地上建造。菇房的规格是：宽 6～7 米，长 20～30 米，中部立柱高 3.0 米，两侧立柱高1.8 米，立柱横向间隔 1 米，纵向间隔 4～5 米。立柱的高度，由中部向两侧依次降低。建造时，用木棒或竹竿做立柱。在顶部纵横交错地放上竹竿或木棒，其纵向间距以 0.3～0.4 米为宜，不能太宽，否则不便覆盖草帘。在四周，按 1 米宽的间隔竖立竹竿或木棒，并捆绑上横杆。此外，在一侧开设宽 0.8 米、高 1.8 米的门。在顶部盖上草帘，在四周也围好草帘。草帘可用稻草、麦草、玉米秆或野草等制作，并用竹板或木板夹好。为了延长顶部草帘的使用时间，可采取先盖一层较薄的草帘后，再在草帘上盖上一层塑料薄膜，最后再盖一层草帘，形成夹心层草棚顶。门也用草帘制作。在两侧每隔 2 米开一个窗口，窗口大小为 40 厘米×50 厘米。这样便搭建好一个屋脊式菇棚（图 16 ）。菇棚的大小，应根据生产量和场地大小来定，但不能太大，以 150～200 平方米为宜。因菇房太大后，不便消毒和杀虫。

图 16 菇棚的结构示意图

(2)床架建造

床架用竹竿或木板等制作,也可用钢材制作。靠房屋侧墙的床架,宽 0.7 米,中间的床架宽 1.2 米,床架上下层之间相距 0.5 米,下层距地面 0.3 米, 床架高 2.5 米,床架之间相距 0.6 米。床架四周设围栏,用木板或竹竿制作,围栏高度为 0.25 米。在床架上铺上遮阳网或塑料薄膜。在铺料播种之前,需进行消毒和杀虫处理。要用甲醛与高锰酸钾混合时所产生的气体,进行熏蒸消毒,或者喷洒复合酚或来苏儿等杀菌剂,进行杀菌处理。还要喷洒农药杀虫,主要是杀灭螨虫。密封较严的菇房,最好用磷化铝熏蒸杀虫,或者喷敌敌畏或扫螨特等农药杀虫。在铺料播种前 1~2 天,打开门窗通风换气,让室内灭菌杀虫气体散发掉,避免以后出现药害。

(3)铺料播种

将发酵好的培养料抖散,铺在床架上,铺料厚度为 20 厘米左右。待料温下降到 30℃以下时,开始播种。播种方法根据菌种基质不同而异。一般分为穴播和撒播两种。用粪草发酵料生产的菌种,以穴播为好;不宜采用撒播,因为撒播将菌种分成小块后，菌种就不易萌发吃料生长。穴播的方法是：在料面上挖穴，穴深为料层厚度的1/2。然后将菌种分成鸡蛋大的小块。分块不要太小，以免菌种播后不萌发吃料生长。分块完毕后，将菌种放入穴内。穴与穴之间相距10厘米左右，并呈"品"字形分布。穴播完了以后，要用1/3播量的菌种，撒播在料面上。其做法是：将菌种分为小团块，均匀地撒在料面上。撒播的菌种块，也不要分成细小颗粒，否则不易复活吃料；但菌种块也不宜太大，如果太大，菌种吃料不久，就从种块上长出子实体，由于养分不足，子实体因而瘦小。播种完毕后，要用木板将料面稍微压平压实。

撒播的菌种，应为麦粒或谷粒菌种。这类菌种，因为呈颗粒状，因而播种后，每颗麦粒或谷粒上都会长出菌丝，吃料生长。采用撒播方式，因菌种在料面上分散范围大，生长均匀，故菌种吃料、生长和封面均较快。撒播的方法是：先铺一层料，料层厚度为6～7厘米。然后将菌种均匀地撒在料面上。如此一层料一层菌种地播种，共铺三层料，播三层菌种。撒播时，表层料面上的用种量要稍大一点，约占整个用种量的1/3多，同时要注意使菌种均匀地分布在整个料面上。撒完菌种后，要用木板将料面稍微拍平压实，使菌种与料面充分接触好。随后，在料面上盖上一层报纸或塑料薄膜，以便保温保湿，促进发菌。

(4)覆　土

①**覆土的作用**　姬松茸不接触土壤是不出菇的，覆土是诱导子实体形成的关键。覆盖土壤主要有以下作用：一是利用土壤中诱导姬松茸子实体形成的微生物所产生的代谢产物，使姬松茸由营养生长转向生殖生长。二是使培养料保持稳定的湿度和充足的水分。覆土层是水的贮存器，能保持土壤有一个相对稳定的湿润小气候，防止料内水分减少，保护菌丝生

长。三是改善培养料表面氧气和二氧化碳的比例。覆土后，料面上的二氧化碳浓度增高，促进菌丝向上生长，而土层中二氧化碳浓度低，有利于子实体形成。四是机械刺激和支撑子实体。五是造成养分差。由于覆土层中养分少，而料层中养分丰富，因而造成了养分不平衡，为使姬松茸由营养生长向生殖生长，提供了良好的条件。

②**覆土的要求** 覆盖用的土壤，以壤土为好，砂土和粘性大的土不适宜作覆盖用。砂土含砂量大，土壤不成块状，保水能力差，通透性大，易使料中水分散失。粘性大的土壤通透性差，水分含量高，也不适宜菌丝在土层中生长和出菇。但是，使用粘性大的土壤时，可通过在土中拌入谷壳或炭渣之类物质，来增加其通透性。覆盖用土，要求新鲜，养分含量少，保水性和通透性好。

土壤要打碎成小颗粒，颗粒直径以10～20毫米为宜。土粒分为两类：一类为大土粒，另一类为小土粒。土壤含水量以20%～22%为宜，即以用手能将土粒捏扁，并能搓成圆形，而又不沾手为宜。若土壤发白，用手一捏即成粉末，表明含水量不足，应喷水调湿。若含水量过高，则要晾晒，让多余的水分蒸发后，才能用于覆盖。最后，在准备好的土粒中，加入1%石灰粉拌匀土壤，使土壤的pH值达到7.0。

③**覆土的时间** 在姬松茸的栽培过程中，有两种覆土时间可供选择。一种是在播完种后，立即覆盖土壤。此时覆土，有利于防止料面水分散失和提早出菇。其不足之处是，若菌种质量差，或培养料质量不太好，菌种复活后吃料生长不良或不生长，则不便及时采取补救措施。因此，只有在培养料质量好，菌种生命力强时，才可提早进行覆土。此外，料中含水量偏低和环境中湿度低时，也应提早覆盖土壤。

另一种是在菌种萌发吃料，并在料中生长展开后进行。一般是在播种后的7～10天进行。此时覆盖土壤，可以促进姬松茸生长，防止出现因菌种和培养料质量不好而造成菌种生长差的现象。即使出现了，也可以补救。

④**覆土方法** 覆土方法有两种。一种是平铺覆盖。这与栽培双孢蘑菇的覆土方法相同。其做法是：先在料面上覆盖粗粒土，再在其上铺盖细粒土，或者将粗粒土与细粒土混合起来覆盖。覆土厚度为3～5厘米。土块不宜太大，否则在土粒中长出的子实体，会因不易将其顶开而长成畸形菇。但覆土也不宜太细，如果太细，喷洒水时就会粘结成板状，造成通透性不良。覆土时，要捡去石块、草根和秸秆等杂物。

另一种是将土覆盖成土埂。这是日本人创造的生产姬松茸的覆土方法。其做法是：在料面上用土做成相距6厘米的土埂，土埂下宽10厘米，上宽6厘米，埂高6厘米，土埂呈梯形状。土埂的下层为粗粒土，上层为细粒土，土埂之间覆盖1厘米厚的细粒土(图17)。这样覆土后，子实体在土埂上生长，出菇面积加大，料中透气性好，有利于提高产量。

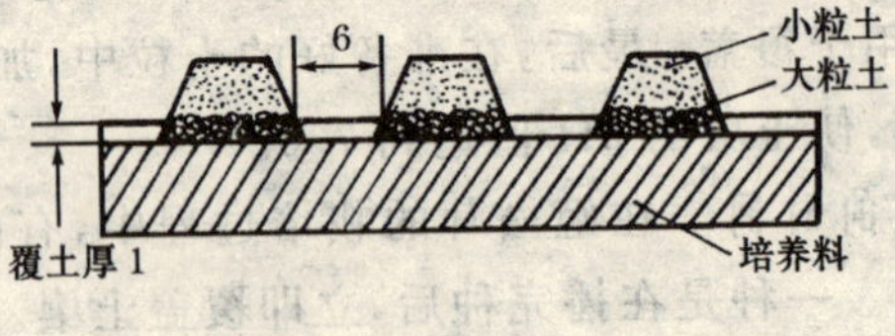

图17 土埂式覆盖示意图 (单位：厘米)

⑤**覆土后的管理** 覆土后的管理，主要是保持土壤水分的管理，即始终使土壤保持湿润状态。当土壤发白变干时，就要及时喷水浇湿。一般7～10天喷水一次。每次喷水量不要

过多，以免造成土壤含水量增加，出现通气不良，妨碍菌丝向土层中生长。喷水要做到少喷勤喷，以保持土壤的湿润状态，即与刚覆盖土壤的含水量基本一致。为了减少土壤中水分的蒸发，应关好门窗，减少通风量。如果空气相对湿度较低，水分蒸发快，可覆盖草帘或塑料膜来使土层保湿。但覆盖塑料膜保湿时，要定时通风换气，防止料面出现二氧化碳（CO_2）浓度过高，菌丝大量往土层表面上生长，而形成一层致密的菌丝层。

播种后，要使温度保持在22℃～26℃之间。温度如果太低，菌丝就生长缓慢。在夏季栽培时，温度不要超过30℃。因为温度高，菌丝生长快，但长势差，积累养分少，产量也会受影响。因此，应选择易降温的场所来栽培。

（5）出菇管理

播种后经过45～50天，子实体开始长出。在此期间，主要应做好调温、控湿、增加通气量和光照的管理工作。

①**调温** 在子实体生长发育期间，温度应保持在16℃～33℃之间。在此温度范围内，温度高，子实体生长发育就快，菌盖容易展开。子实体的最适宜生长温度为22℃～25℃。温度的调节，主要是通过适时栽培来调节，即利用合适的自然气温来栽培姬松茸。采取这种调温方式栽培姬松茸，其出菇时间，以安排在4～7月份和9～11月份为好。在夏季，当气温高于33℃时，要加强通风换气，降低温度，使之适合于姬松茸的生长。

②**控湿** 控湿，主要是指通过调节土壤的含水量，来满足姬松茸子实体生长所需的湿度。只要保持土壤呈湿润状态，就能满足其生长需要。当土壤表面干燥变白时，就要及时喷水保湿。每次的喷水量不要太多，以刚好使土壤湿润为宜。空气相对湿度，以75％～80％为宜，也不要太大，以免使子实体出现

病害。特别是在原基形成期和幼菇初期，不要喷水太多，否则原基和幼菇就会死亡。喷水时，主要采取向地面和空中喷雾的方式，使环境湿度增加，以保持子实体生长所需的湿度。要用喷雾器装水来喷雾，不能用浇大水的方式来保湿。喷水后，要打开门窗进行通风换气，时间为10～20分钟，使多余的水分散发掉，以防止出现高湿的环境。

③**光照管理** 姬松茸子实体的形成和生长发育，均需要散射光照。在完全黑暗的条件下，不易出菇，即使长出了菇，也易成畸形菇。出菇期间的光照强度，以能看得清楚东西为宜。因此，要打开窗口，增加散射光照。

④空气 姬松茸子实体在生长发育期间，需要在通风良好的环境条件，才能健康地生长。如果通风不良时，料面二氧化碳(CO_2)浓度过高，其子实体就会长成畸形菇；还会造成环境湿度增大，使姬松茸出现病害。在喷水时，要结合进行通风换气，以增加氧气含量，降低二氧化碳浓度，保持菇房内有新鲜空气。在出菇期间，要将通风窗口完全打开，使菇房空气流畅。

(6)采　收

姬松茸产品，为未破膜开伞的幼菇。一旦破膜开伞后，其商品质量就已下降。因此，当子实体长到5～8厘米长，还未破膜即菌盖下端还没有离开菌柄时，即应采收。在夏季气温高时，子实体生长快，易破膜开伞，故应及时采收，而且要每天早晚各采收一次。采收的方法是，用手握着菌柄，直接拔下。采收的菇，要削去泥脚，装入筐内，及时送到加工房进行处理。采收时，要去掉死菇和各种碎菇残片，以防止引发病虫害。采收后的菇脚坑，要用土填上，修补好覆土层，并向土埂上喷水，补充水分，诱导下一批菇早长出来。

2. 田间栽培

(1)栽培场地的选择及整理

姬松茸的田间栽培,不占房屋,也不需要投资建菇房,生产成本低,病虫害少,容易管理。其栽培场地,地势要高而平坦,排水顺畅,不易积水。场地选好后,要翻耕土地,打碎土块,整平地面,拣去杂草和石块等杂物。如果土壤偏湿,则要进行晾晒,以降低土壤的含水量。当含水量下降到22%左右,即用手能捏扁土块,并可搓成圆形而不粘手时为宜。播种前,土壤宁可偏干点,也不要偏湿。因为如果土壤偏湿,所铺上的培养料就会从土壤中吸收水分,增加含水量,造成偏湿状态,影响菌丝生长和出菇的产量。如果使用已种过双孢蘑菇或其他食用菌的场地栽培姬松茸,则要喷施农药,如呋喃丹、天王星、敌敌畏等,以杀灭地下害虫。

(2)开　畦

田块整理好以后,即要开畦。畦宽1.2米,长度因地势而异。如果地势较平坦,排水较差,在雨季容易灌水,则应平地开畦,将培养料直接铺在地面上。若是在大雨期间也不会灌水淹没的山坡地,可开成25厘米深的畦。畦与畦之间留出40厘米宽的距离,用作人行道。畦面要平整,土块要打碎。若畦面土壤偏湿,则要进行晾晒,降低水分含量后再铺料。如果土壤太干燥,则应在畦上洒水,待土壤湿润后再铺料,以防止干土吸收料中的水分,造成料内水分下降。在畦的四周,要开好排水沟。还要在畦面上撒上一层石灰粉,以进行土壤消毒和调节土壤的酸碱度。

(3)铺料播种

在开好的畦上,铺上经过发酵的培养料,并要求将料抖松铺平。同时，要调节料的含水量，使干料与偏湿的料混合均匀。当料温下降到 30℃以下时，即可开始播种。播种的方式分为撒播和穴播两种。这两种播种方式的具体选用，应根据生产菌种的培养料来确定。如果菌种基质为麦粒或谷粒，则以撒播为好。其撒播的方法与菇房床架撒播方法基本相同。具体操作过程是：先在畦上铺一层 5～6 厘米厚的培养料，然后撒上一层菌种，如此一层料一层菌种地播种，共铺三层料，播三层菌种，铺料厚度为 18～20 厘米。最上面一层料上的用种量要稍大一些，约占整个用种量的 1/3 多。最后，用木板拍平料面，并稍微压实培养料，使表层菌种与培养料充分接触。如果菌种基质为发酵料，则以采用穴播方式播种为好，而不宜采用撒播的方式。因为撒播时，将菌种分成细小颗粒后，就不易萌发和吃料生长。穴播的方法是：先在畦面上铺一层 18～20 厘米厚的培养料，并将其抖松铺平。接着，在料面上挖穴，穴距 10 厘米，穴深为料厚的一半左右，呈梅花形分布。与此同时，将菌种分成鸡蛋大的小团块，其直径为 2～3 厘米。然后将菌种放入穴内，并用培养料盖上。最后，再在料面上撒上一层已分成小颗粒的菌种，菌种块的直径为 1 厘米左右。菌种块不宜过大。如果过大，会出现菌种提早出菇，但子实体却小。也不能分得太小，否则菌种易失水干燥，抵抗外界不良环境条件的能力弱，不易萌发吃料。在料面上所播的菌种，要分布均匀，并且用种量要稍大一点，约占整个用种量的 1/3。播种完了后，可立即覆盖土壤。这样做有利于保温和保湿，还可提早出菇，但如果菌种没有萌发，就无法补救。也可以在播种 7～10 天后，待菌种萌发生长，并在培养料中蔓延时才覆土。具体做法是：在已经播种但没有覆盖土壤的料面上，盖一层塑料薄膜，再在塑料薄膜上盖一层草帘，进行保温保湿发菌管理。在播种后的 5～

6天内，不要揭开塑料薄膜，防止料面上水分下降，影响菌种生长。6～7天后，要揭膜检查，并适当通风换气。当确认菌种复活吃料，生长良好后，即可覆盖土壤。播种完毕后，要在畦的四周开好排水沟，以防止雨水淹没菌床。在平地开畦铺料播种的，应取所留人行道上的土来覆盖，使人行道兼作排水沟。

(4)搭建遮阳棚

在田间栽培时，必须搭建挡光防雨的遮阳棚。搭建方法有多种。一种是用遮光率为95%的遮阳网和竹竿制作，在整个栽培场地上搭建一个高为1.8米的遮阳棚，并使四周的遮阳网着地。再在菌床上建一个60厘米高的塑料薄膜拱棚(图18)。另一种方法是先做一个草帘遮阳棚，再在菌床上搭建一个塑料膜拱棚。此外，还可在先搭建一个遮阳网棚后，再在菌床上40厘米高处，平放草帘，利用草帘来遮雨，不让雨水淋在菌床上。

(5)覆土及管理

将畦与畦之间的土壤打碎成直径为0.2～2.0厘米的小颗粒，然后加入1%石灰粉拌匀。并调节土壤的含水量，使其为22%左右，即用手能捏扁，而不粘手。如果土壤偏湿，则要晾晒，去掉多余水分后，再用以覆盖料面。如果偏干，则用1%的石灰水进行调节，使含水量达到22%左右时，再用来覆盖。土壤粘性大的，要拌入谷壳或炭渣，增加其通透性后再用来覆盖。覆盖方式有两种。一种是平铺覆盖，即将土壤均匀地盖在料面上，

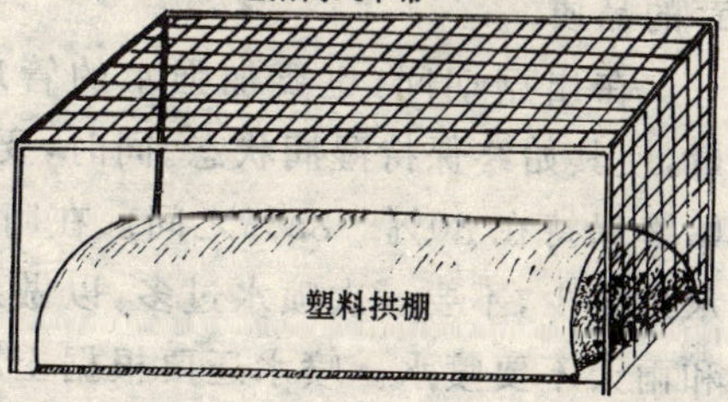

图18　田间栽培姬松茸的遮阳设施

厚度为3～5厘米，厚薄要均匀一致。另一种是覆盖成土埂，即在料面上每相距6厘米做一条土埂，土埂高6厘米，下宽10厘米，上宽6厘米。其下层为粗土粒，上层为细土粒。在土埂之间覆盖1厘米厚的细土粒。

覆土后的管理，主要是保持土壤含水量的管理，使土壤始终保持湿润状态。如果土壤变白干燥，就要在土层上喷水，使土壤湿润，但一次喷水不要太多，以免造成水分含量偏高，影响菌丝向土层中生长。当土壤偏湿时，要加强通风换气，让多余的水分蒸发掉。菌床上面为塑料薄膜拱棚的，每天要揭开两端塑料膜通风换气，防止因棚内二氧化碳浓度增高，土壤湿度加大，而导致菌丝大量在土层表面上生长。

(6)出菇管理

子实体生长发育温度为16℃～33℃，最适温度为22℃～25℃。温度高时，子实体生长快，菇体小，易开伞。在夏季高温期间，要加强通风换气，以降低温度，这样才有利于提高姬松茸的品质。

在出菇期间，也要加强水的管理，合理调节土壤的含水量，使其始终保持湿润状态。同时，要调节空气相对湿度，使其始终保持在80%～85%之间。在晴天，每天喷水1～2次，喷水量要少，不要一次喷水过多，以做到少喷勤喷为好。在阴天和雨天不要喷水。喷水还要根据土层的水分变化来确定。土壤湿润时，不要喷水。出现发白变干时，要及时喷水，让土壤湿润。

通风换气，是出菇期间管理工作的关键。用塑料薄膜拱棚覆盖的，每天要定时揭膜通风换气1～2次，每次20～30分钟。气温高时，还要延长通风换气时间，降低温度，防止因二氧化碳浓度和湿度加大长出畸形菇和出现病害。

(7)采　收

当子实体长到5厘米长以上时，菌盖为褐红色，表面有鲜片，为钟形，菌膜还未破裂时即应采收。否则开伞后，其商品质量就大大下降。采收时，要采大留小，做到长大一个，采收一个。在夏季气温高时，子实体生长快，每天应采收两次。采收后，应及时用土填补好菇脚坑。每采收完一潮菇后，即向料面喷水补充水分，并同时加强通风换气。待下一潮菇长出后，再进行出菇管理。所采收的菇，要削去泥脚，去掉表面杂质，及时进行干燥或盐渍加工处理。存放时间不要太长，以免菇体破膜开伞，使质量下降。

3. 塑料大棚栽培

进行姬松茸塑料大棚床架栽培，容易保温保湿。塑料大棚是栽培姬松茸的理想场所。因南北方的气候条件不同，其形态结构也不一样。

(1)塑料大棚的建造

①南方塑料大棚的建造　在南方地区，建造塑料大棚可使用竹竿或钢管制作棚架。建棚场地，要求地势平坦，排水顺畅，不积水。建棚时，先在地面上规划好宽为5.5～6.0米的床面，作为塑料大棚的宽度，其长度要因地而异，但也不宜太长，以不超过50米为宜。如果太长，则易出现中部通风透气不良的现象。接着，在床面两边插设竹竿，竹竿间距为50～60厘米。一排一排地插好后，竹竿相向向床面中央弯曲，再将相交处用绳索捆绑好，这样就形成一个排列整齐的弓形架，其高度为3米左右。弓形架做好以后，在它的两侧和顶部捆绑上横杆，用来固定棚架。在棚内中心线上竖立竹竿，支撑弓形架，以防止盖上草帘后，棚架被压变形或压塌。最后，在弓形架上覆

盖幅宽为 8～10 米的塑料薄膜，两侧着地部位用土块压好。在夏季气温高时，再在塑料棚上加盖草帘，或遮光率为 95%的遮阳网，用来遮挡阳光，防止棚内产生高温。在气温低时，塑料棚上则不加盖其他遮阳物，以便利用阳光的辐射热来提高棚内温度。每个塑料棚四周要开好排水沟，以防止棚内进水。相邻塑料棚之间，要相距 40 厘米。建好塑料大棚后，再在棚内搭栽培床架。

②**北方塑料大棚的建造** 在北方地区，由于具有风大、干燥、气温低和光照充足的特点，因此其塑料大棚的结构与南方地区的不同。北方塑料大棚，要求为东西走向，坐北朝南。北面和东西面为砖墙，南面为塑料薄膜。整个塑料大棚的宽度为 6.5～8 米，长度为 50～70 米，脊高与宽之比约为 1∶2.5，一般顶部高为 2.5～2.8 米。塑料膜上加盖活动草帘，在白天卷起草帘，让阳光照射升温，在夜晚将草帘盖上进行保温。建造方法是：先在北面用砖砌墙，或垒土墙，墙高为 2.5～2.8 米，厚为 37～60 厘米，墙体为空心结构，墙上开通风换气窗口。墙体分为外墙和内墙，内墙高为 1.5 米，外墙高为 2 米，后墙的仰角为 45°。东西两端的墙体开设门和窗口。在南面搭建塑料棚，先用钢筋或水泥柱作拱梁，一端固定在北墙顶部，另一端则插入地下，形成一个半弓形架，架与架之间相距 1 米。另外再在弓形架上均匀地放三根横杆，并加以固定。最后，盖上塑料薄膜，再在塑料薄膜上加盖一层草帘。草帘的一端要固定在后墙上，使其成为可以收卷和展开的活动草帘（图 19）。

（2）塑料大棚床架设施

在塑料大棚内搭设床架，进行姬松茸立体栽培时，宜搭三层床架，共为 4～5 个。靠棚两边的床架，宽为 0.7 米，中间床架宽为 1.5 米，床架之间相距 0.5 米，作为人行道。每层床架

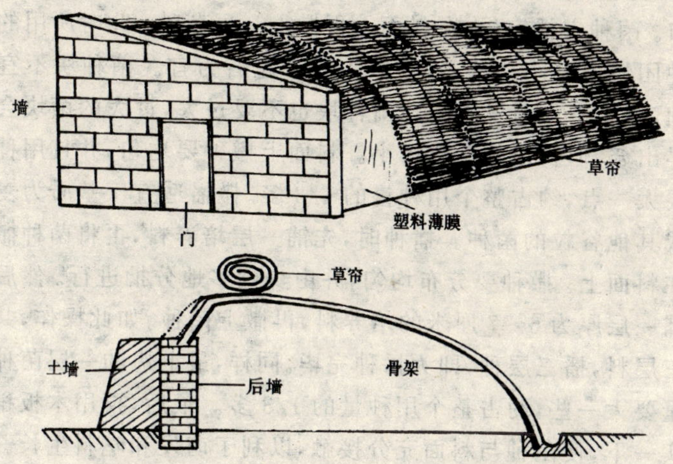

图 19　北方墙式塑料大棚示意图

之间相距 0.7 米。每个床架四周要设置围栏，围栏高 25 厘米，将床架围成厢状。床架用竹竿、木材或钢材制作，要求结实牢固。床架要根据塑料棚的宽度来建造，以便充分利用棚内空间。在床架的最下层，可利用地面作菌床。

(3)铺料接种

在床架上先铺一层塑料薄膜，然后将发酵好的培养料抖散，铺在床架上，厚度为 20 厘米左右。铺好料以后，即可播种。播种方式分为穴播和撒播两种，具体选用何种方式，应根据菌种的基质来确定。发酵料生产的菌种，宜采用穴播方式，而不宜采用撒播方式。因撒播时需将菌种分成小颗粒，而小颗粒菌种则不易萌发生长。进行穴播的方法是：先在床架上铺一层厚为 20 厘米左右的培养料，再以 10 厘米的间隔挖穴，穴深为料厚的 1/2。播种穴挖好后，将菌种分成鸡蛋大的小团块，放入穴内，再用培养料填满穴坑。播种穴在料面上呈“品”字形分布。菌种穴播完后，在料面上再撒上一层菌种。此时所用的菌种团块要稍小一些，直径以1厘米左右为宜。菌种块不宜太细，否则不易萌发生长。菌种块也不要过大，过大的菌块会提早出菇，但长出的菇个体小。料面上撒种要均匀，并且用种量要大一点，约占整个用种量的1/3多。撒播适宜于基质为麦粒或其他谷粒的菌种。播种时，先铺一层培养料，再将菌种撒播在料面上。撒种要分布均匀，并由少到多地分批进行。然后再铺一层厚为6～7厘米的培养料，再撒上菌种。如此操作，共铺三层料，播三层种，即为播种完毕。同样，最上边的一层菌种用量要大一些，约占整个用种量的1/3多。最后，再用木板稍压实一下，使菌种与料面充分接触，以利于萌发和吃料生长。

一般用发酵料生产的菌种，每平方米用菌种2袋(20厘米×33厘米塑料袋装菌种)。麦粒基质的菌种，其用种量为每平方米1.5～2瓶(750毫升蘑菇瓶装菌种)。

播完种后，在料面上盖一层塑料薄膜或报纸，以保温保湿，促进发菌。在4～5天内，不要掀动塑料薄膜。5～6天后，每天揭开塑料薄膜，通风换气一次。要保持棚内温度在25℃左右，注意防止出现高温，当料内温度超过30℃时，要开启塑料棚两端的塑料薄膜，通风降温。

(4)覆土管理

覆盖播种料面的用土，要求新鲜无污染，保水性和通气性良好，养分含量少。以砂壤土为好，粘性大的土壤不宜使用。但是，如果在粘土中拌入谷壳或炭渣等物，改善其通透性后，则可使用。所用土壤要打碎成小颗粒，直径以1～2厘米为宜。在土中加入1%的石灰，拌匀后再使用，既可提高土壤的pH值，使之达到7，又可对土壤进行消毒。覆土的含水量以22%左右为宜，即土为湿润状，能用手捏扁，但不粘手，也不成粉末。

覆土时间，有两种安排供选择。一种安排是在播种后立即覆土。这种安排，要求培养料和菌种质量都较好，能保证播种后菌种在料中正常生长，不会出现不萌发不生长的现象。采取这种覆土时间安排，可提早出菇，在播种后25天左右，就开始有菇长出。另一种安排是在播种7～10天后，让菌种萌发生长，并在培养料中蔓延开后，再覆盖土壤。这样做便于对菌种不萌发生长的问题及时采取补救措施。

覆土的方法有两种。一种是平铺覆土，即在料面上覆盖一层土壤颗粒，厚度为3～4厘米，要求均匀一致，将整个料面完全盖住。另一种是土埂式覆土，即在料面上相隔6厘米，垒一个土埂，土埂下宽为10厘米，上宽为6厘米，高也为6厘米。土埂下层为粗粒土，上层为细粒土。土埂与土埂之间覆盖1厘米厚的细土。

覆土后的管理，主要是使土壤始终保持为湿润状态。当土壤表面干燥发白时，就要及时喷水，使土壤湿润。而当塑料大棚内出现高湿高温情况时，要将塑料大棚的两端打开，加大通风换气，进行除湿和降温，并防止棚内因二氧化碳浓度增高，菌丝大量往土层表面生长而影响出姑。

(5)出菇管理

出菇期间要做好调温、保湿和通风换气的管理工作。

①调节温度 姬松茸子实体生长发育的温度为16℃～33℃，最适温度为22℃～25℃。温度高，子实体生长快，个体瘦小，易开伞。相反，温度低时，子实体生长缓慢，但个体大，不易开伞。在室外气温较高时，塑料棚上要覆盖遮阳网或草帘，不让阳光直晒塑料棚，以防止棚内温度升高。相反，在气温偏低时，则要利用阳光照射来提高棚内温度，并在晚上盖好草帘

保温。

②**保湿** 子实体在生长发育期，适宜的空气相对湿度为70%～85%。其生长所需的水分主要是通过保持覆土层的水分来满足。当土壤出现干燥时，就要及时喷水。出菇期间，在晴天每日喷水1～2次。喷水时，主要向空间和地面上喷水。在土层上，一次喷水量不要太多，以免造成土壤含水量过高，出现幼菇死亡和发生病害。喷水要少喷勤喷，并使用喷雾器装水喷雾。不能采用大水淋浇的方法来保湿。在阴天和雨天，要少喷水或不喷水。

③**通风换气** 在子实体生长发育期间，对氧气需要量大，如果塑料棚通风不良，就极易出现因高温高湿和二氧化碳浓度增高而缺氧的现象。因此在出菇期间，要将塑料棚的通风口打开，确保通风换气顺畅。如果棚内保湿效果较差，则可采取定时通风的方法来增加氧气量，降低二氧化碳浓度。每天可通风换气2～3次，每次30分钟左右。在喷水保湿时，要结合进行通风换气，这样既防止了干燥，又收到了通风的效果。通风量还要根据塑料棚的大小和长短来定，塑料棚较大又较长时，就要延长通风换气时间。

④**控制光照** 棚内光线以能看清操作动作为宜。光线昏暗，不易出菇，或长成畸形菇。光照强时，夏季棚内容易出现高温，抑制子实体生长，或造成生长不良。故在夏季给塑料棚加盖草帘时，要在两端和两侧留出透光口，使棚内散射光照均匀。

(6)采收与管理

当姬松茸子实体长到5厘米以上，菌盖为钟形，还未破膜变松时，就要及时采收。一旦破膜开伞，质量就已下降。在夏季气温高时，子实体生长快，最好一天采收两次，方可避免开伞菇的出现。采收后，要用土填好菇脚坑，去掉死菇和病菇。然后，喷水补充土壤中水分，待下一批菇长出后，再进行出菇管理。

采收的姬松茸菇，要削去泥脚，去掉表面杂质，及时进行干燥或盐渍加工。不要在放置时间过久后，才进行加工处理，否则会出现破膜开伞和褐变，使质量下降。

4. 半地下式菇房栽培

半地下式菇房，是北方地区常用的菇房。半地下式菇房易保温保湿，是栽培姬松茸的较好场所。

（1）半地下式菇房的建造

半地下式菇房，其上半部建筑在地面上，下半部建筑在地面以下，因而兼有地下菇房与地上菇房的优点，保温、保湿性能良好，且又能通风换气。其建造方法是：先在地面挖坑，坑深1.6米，宽2.7米，长10米左右。上半部菇房高1.5米。在坑内砌砖墙，一直达到地面上1.5米处。上半部菇房的建造方法，与普通菇房一样（图20）。在菇房内设置两排床架，床架宽1米，高1.8米，相邻上下床架之间相距0.5米。床架最下层离地面0.2米。床架用竹竿或木材制成厢状，四周围栏高0.2米。

（2）铺料播种

将发酵并处理好的培养料，抖散后铺在床架上，厚度为18～20厘米。待料温下降到30℃以下时，开始播入菌种。播种方法有穴播和撒播两种。具体采用哪一种方法，应根据菌种的基质来确定。若是用棉籽壳或秸秆发酵料为基质所制作的菌种，以穴播为好，不宜撒播。若是用麦粒为基质所制作的菌种，则以撒播为好。穴播的方法是：在料面上按“品”字形排列

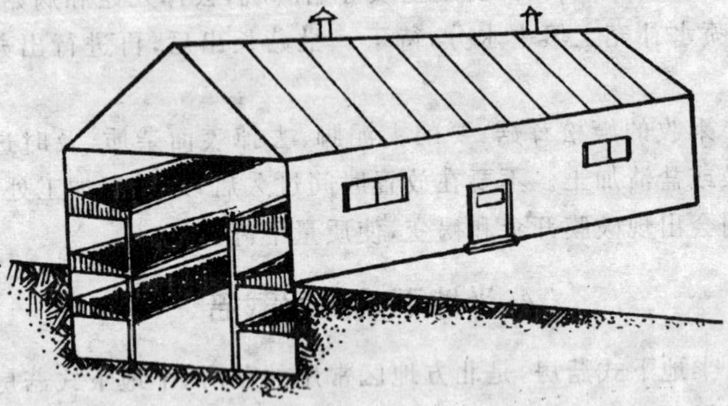

图 20　半地下式菇房

方式挖穴，穴深 10 厘米左右，为料层厚度的一半。然后在穴中播入分成鸡蛋大小的菌种团块。穴播完后，再在料面上撒播一层颗粒如蚕豆大的菌种。不要将菌种分得太细小，以免菌种不易萌发。也不要用大块的菌种播种，因为大团块菌种在播种后虽然容易提早出菇，但菇体小，产量低。料面上的用种量要稍大，约占整个用种量的 1/3 多。最后用木板拍平料面，将菌种和培养料稍微压紧。撒播的方法是：先在床架上铺一层厚为 6 厘米的培养料，然后撒上一层以麦粒为基质的菌种。撒种要均匀，然后再铺料撒种，如此铺三层培养料，播三层菌种，最上一层菌种的用量要大一点，约占整个用种量的 1/3 多。播种后，在料面上覆盖塑料薄膜，进行保温保湿，以促发菌。

(3)覆土及管理

播种结束后，要对料面覆土。覆盖用土，要求不含肥料，保水性和通透性良好，以砂壤土为宜。粘性大、通透性差的土，要拌入炭渣或谷壳，改善其通透性后再用。土壤要打碎成小颗粒，调节其水分含量为22%左右，并在土粒中拌入1%的石灰粉调节酸碱度，使pH值达到7.0。覆土的时间安排，可根据菌种和培养料质量情况来确定。如果二者质量好，可在播后立即覆土，否则就要在播种后7～10天再覆土。后者有利于在菌种生长差时及时进行补救，前者则有利于提早出菇。覆土方式也是平铺覆土和土埂式覆土两种。其具体操作方法，如本书“室内床架栽培”中所述。

覆土后的管理，主要是保持覆土层的水分，减少通风量，关闭门窗。当土壤出现干燥时，再喷水湿润土壤，但一次喷水不要太多，以免造成土壤含水量过高，通透性降低，影响菌丝向土壤中生长。此外，要定时通风换气，防止出现高湿环境。

(4)出菇管理

播种30～40天后，开始出菇。在子实体生长发育期间，主要做好温度、湿度和空气等方面的管理工作。

①**温度**　菇房温度应保持在16℃～33℃之间。温度过高，子实体生长加快，容易开伞。在温度较低的条件下，子实体生长慢，不易开伞，个体粗壮，结实。因此在夏季高温期间，要做好降温工作。若菇房是用水泥瓦盖的，阳光直晒时会产生较高的辐射热，使菇房内温度迅速升高。因此要在瓦上再盖一层草帘来隔热，或者在菇房内顶部加一层泡沫板或草帘来隔热。同时，要打开排风口和入口，增加通风量，以防止温度过高。

②**湿度**　主要是保持覆土层的水分，使土壤呈湿润状，并保持空气相对湿度在70%～85%之间。当空气相对湿度低于70%时，用喷雾器向空中和地面上喷水，不要在菇体和土壤上喷较多的水，喷水要做到少喷勤喷。在晴天，每天喷水1～2次；在阴天和雨天，则不喷水。喷水后，要打开门窗通风换气，让菇体上较多的水分散发掉，防止出现高温高湿现象，

造成死菇或烂菇。

③空气　在子实体生长期间，要消耗大量的氧气，排出二氧化碳。如果通风不良，二氧化碳浓度高，就会影响子实体正常生长发育，长成畸形菇，甚至幼菇死亡。因此，要加强通风换气，以及时足量地补充菇房中的氧气，排出过量的二氧化碳气体，利于姬松茸子实体的生长发育。

④光照　在出菇期间，姬松茸需要散射光充足的条件。只有满足这种要求，它才能正常生长发育。所以改善菇房条件、提高室内亮度，使之有充足的散射光照，同时又避免阳光直晒，造成湿度降低。

(5)采　收

当姬松茸子实体长到菌盖边沿尚未离开菌柄之前，就要采收。如果等到菌盖半开或完全展开后再采收，其商品质量就会下降。采收的方法是，长大一个，采收一个，同时去掉死菇、病菇和菇体残片。一潮菇采收完后，修补好覆土层，喷补足水分，减少通风量，为出新菇创造良好条件。待下一潮菇长出来后，再进入出菇管理。

采收下来的鲜菇，要削去泥脚，及时出售或加工处理。放置时间不要过长，以防自然开伞后质量下降。

出菇期一般为3～4个月。每批菇采收结束后，要搬出培养料和覆土，打扫干净场地，喷洒杀菌剂和杀虫剂，并加大通风量，让菇房内消毒干燥，然后再栽下一批菇。如果秋季没有出完菇，需要在来年春季再出菇的，就要做好冬季保温保湿管理工作。要关好门窗，及时喷水，保持土壤为湿润状态。1周要通风换气1～2次。如果菇房内有害虫，采收结束后，则要及时喷施药剂，杀灭害虫。

5. 农作物行间套种

姬松茸的菌丝具有较强的耐水能力，经过雨淋后，仍能正常出菇生长。因此，可在农作物土地，如玉米地、瓜果蔬菜棚架以及果园的作物行间，套种姬松茸。既可充分利用土地，又可将种菇的下脚料直接还田肥土。

（1）场地选择及整理

利用农作物行间套种姬松茸，可选择植株较高农作物的种植地，如玉米地、甘蔗地、瓜果蔬菜棚架空地以及果园。所选栽培场地，要求地势较高，在雨季不积水。在地面上开畦，畦宽以 1.2～1.5 米为宜，畦与畦间相距 60 厘米；或者利用已有的农作物行间空地，作菌床栽培。开畦时，以平地开畦为好。播入菌种后，取畦间的土来覆盖，形成深沟高厢的菌床。这样，在雨水季节，菌床内就不会灌水。此外，在畦四周要开好排水沟。排水沟深于菌床，能防止菌床被水淹没。

（2）铺料接种

播种时间，以 4～5 月份为宜。先将发酵准备好的培养料铺在畦内，铺料厚度为 20 厘米。铺料时，要将料抖松，并使干料湿料混合均匀。当料温下降到 30℃以下时，即可开始播种。播用发酵料生产菌种的，宜采用穴播方式播种。即在料面上挖穴，放入分成鸡蛋大小的块状菌种。穴深为料层厚度的一半，穴间相距 10～15 厘米，呈“品”字形分布。穴播完后，再在料面上撒播一层菌种。菌种块以拇指大为宜，不宜太细小，否则不易萌发生长。如果是用麦粒或其他谷粒作基质所培养的菌种，以撒播为好。即将 2/3 的菌种撒在料面上。接着用手抓提培养料，使菌种落入料内。然后，再将另外的 1/3 菌种，均匀地撒在料面上。最后，用木板拍平料面，稍压一下，使菌种与料充分接触好。

一般用种量为，发酵料培养的菌种，其用种量为 2 袋（20 厘米×33 厘米塑料袋装，或 5～6 瓶 750 毫升菌种）。麦粒基质培养的菌种为 1～2 瓶。用种量大，菌种萌发吃料、覆盖料面快，能有效地防止杂菌感染。

(3)覆土管理

播种后，取畦间湿润土来覆盖。覆盖用土应打碎成直径为 0.5～1.0 厘米的颗粒，并调节好水分。如果覆土水分含量偏低而发白，用手捏土即成粉末状时，就要用 1%的石灰水，浇湿土壤。如果覆土偏湿，就要进行晾晒，使多余的水分散发后，再用来覆盖。覆土以含水量在 22%的湿润状为宜。覆盖之前，在土粒中拌入石灰粉，调整 pH 值至 7.0。覆土方式有两种。一种为平铺覆盖，即将土粒厚薄均匀地撒盖在料面上，厚度为 3～5 厘米。另一种是土埂覆盖式，即用覆土在料面上每隔 6 厘米，撒堆一道下宽 10 厘米、上宽 6 厘米、高为 10 厘米的土埂。土埂中下层为粗粒土，上层为细粒土。相邻两道土埂之间的间隔空地，覆盖 1 厘米厚的细粒土。

如果在播种后不立即覆盖土壤，则应在料面上覆盖塑料薄膜，以保温保湿促发菌。在前 4～5 天内不要揭动塑料膜，以后每天揭开塑料薄膜通风换气一次。如果阳光直晒时，气温较高，则要在塑料膜上盖一层草帘。一共经过 7～10 天后，再覆盖土壤。

覆土以后，在土层上盖一层草帘。下雨时，再加盖塑料薄膜；雨停后，再揭开塑料薄膜，以利于通风换气，使覆土始终保持湿润状态。当覆土偏干时，要及时喷水保湿，喷水量以使土壤刚湿润为宜。一次不要喷水过多，以免造成土壤含水量过高，通透性降低，影响菌丝生长和出菇。当土壤含水量偏高时，可在晴天揭开草帘晾晒，让多余的水分散发掉。

覆土以后，在菌床边种上瓜果类蔬菜，并在菌床上方搭瓜棚架。或者在菌床边，栽上玉米，利用农作物来遮阳。如果遮阳程度达不到要求时，应搭设一个草帘棚遮阳，以防止阳光直晒，造成覆土层干燥使子实体生长受到抑制。

(4)出菇管理

播种 40 天左右后，开始出菇。此时要揭去草帘，利用自然条件来栽培。如果遮阳度不足时，可在姬松茸菌床上撒上一层乱草来遮阳保湿。遇到久旱无雨，土壤干燥时，则要向菌床上浇水，湿润土壤，以满足子实体生长所需要的水分。在自然条件下，一般下雨后便有大量的姬松茸菇长出。在出菇期间，要去掉菌床上的杂草，调整农作物，创造良好的遮阳条件。还要开通排水沟，防止雨水淹没菌床，造成菌丝死亡。

当子实体长大后，要及时采收。一般在菌盖未展离菌柄之前采收。一旦半开伞或完全开伞后，其商品质量就下降。在夏季高温期间，子实体生长快，易开伞，采收要及时，一天应在早、晚各采收一次。采收完一批菇后，修补好覆土层，喷补足水分，为下一批姬松茸菇的长出做好准备。

采收下来的菇，要去掉菇体表面的泥沙等杂质，及时出售或进行盐渍或干燥加工处理。不能及时处理的菇，要放入冰箱内贮藏。鲜菇不宜在室内放置时间过久，否则菌盖会自然展开，降低质量。

在农作物行间套种姬松茸，由于是靠自然条件进行发菌和出菇。在发菌期间易受自然条件的影响，因此，最好利用熟料生产的菌袋，进行脱袋埋土栽培。

（六）二次发酵栽培

1. 二次发酵栽培菇房的建造

二次发酵栽培菇房，要求密封性能好，便于调节通风换气，能满足姬松茸生长所需的环境条件要求。二次发酵栽培菇房设施，最好的是利用钢材和发泡塑料板制造的，较简易的是利用竹竿和塑料薄膜制作的。塑料薄膜菇房容易搭建和拆迁。一座菇房使用1～2年后，拆迁到另一地方再搭建。这有利于防止出现一个菇房连续使用多年后，产量下降，病虫害加重的现象。

二次发酵栽培塑料薄膜菇房的建造方法是：菇房建造位置要求坐南朝北，并且附近有能够堆料发酵的场所和水源。每座菇房面积以80平方米为宜，不宜过大，以免造成通风不良，二次发酵期间升温保温困难。菇房按宽7米，长12米，高3.5米的规格建造。先用竹竿或木棒制作菇房的框架。房顶可制作成"人"字形，也可制作成弧形，但不宜制作成平顶式，因平顶式屋顶容易积水。菇房结构要求牢固结实，主立柱要用粗竹竿或水泥柱，才可防止被大风吹倒。在房顶部要每隔2米设置一个排气孔，一侧设置出入门，门宽0.8米，高1.8米。要在菇房两侧的上、中、下位置开窗口，窗口大小为40厘米×50厘米，两侧窗口要相对，以利于空气对流，确保菇房内空气新鲜。菇房上面要覆盖热合粘连好的无缝塑料薄膜，并且再加盖一层草帘，以利于遮阳和保温（图21）。

在菇房内，要搭建床架。靠菇房两侧的床架，宽为0.6米，中间的床架宽为1.2米。床架之间相距0.7米，可作为操作通道。床架共为 5 层,底部距地面 0.3 米,相邻上下层之间相距 0.6 米。每层床架都要制成厢状,即在四周边缘设边框,边框高 0.25 米。床架用竹竿或钢材制作,要求结构牢固,能够承受培养料和覆土的重量。

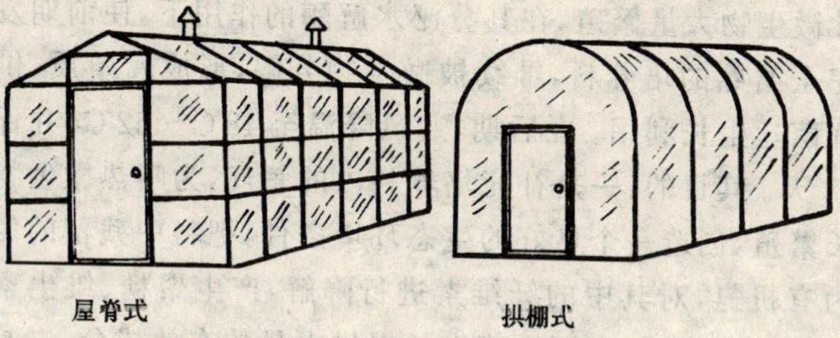

图 21　二次发酵菇房示意图

2. 二次发酵的方法

二次发酵又叫后发酵。二次发酵料栽培姬松茸产量高,比一次发酵料增产显著。

(1)二次发酵的作用

二次发酵,是根据有机物在发酵过程中的不同阶段和不同温度下,其有益微生物为二种菌类的情况而进行的。这三种有益菌为喜温性细菌、喜温性放线菌和喜温型霉菌。喜温性细菌,适宜生长温度为 50℃～55℃;喜温性放线菌,适宜生长温度为 45℃～53℃;喜温型霉菌,适宜生长温度也为 45℃～53℃。由于一次发酵料中温度不均匀,微生物生长繁殖受到抑制,不能很好地发挥作用,所发酵的培养料中适合于姬松茸生长的养分积累不够,故姬松茸产量不高。二次发酵的原理是,根据有益微生物的生长温度条件,通过人工加温,将培养料的温度维持在 56℃～62℃,并保持 4～8 小时,然后通风降温至

48℃～52℃，再保持4～8天。这一过程，前期为巴氏消毒，后期为控温培养。56℃～62℃温度条件的主要作用，一是在高温条件下，使大部分病原菌和害虫受热死亡，从而减少栽培过程中的病虫害。二是创造适合喜温微生物生长的温度条件，让嗜热性微生物大量繁殖，在其分泌水解酶的作用下，使前期发酵未完全腐熟的培养料，继续被微生物分解，形成腐殖质，供姬松茸菌丝生长利用。在后期，通风降温至48℃～52℃，并保持4～8天。其目的：一是补充培养料内的氧气，为嗜热微生物群生长繁殖，创造一个良好的生态环境条件，把料中残留的氨转化为有机氮，对其中的纤维素进行降解，产生聚糖、维生素和氨基酸类等物质，为姬松茸生长提供大量的有效成分；二是继续对病虫害进行杀灭。

(2)二次发酵方法

进行二次发酵的料，比一次发酵时的料，其发酵时间要短，一般为12～14天。其间要翻堆3次，间隔天数分别为4天、3天和3天。二次发酵是在菇房内进行。菇房要求密闭性好，但又能通风换气。室内设床架。将一次发酵好的料，铺在床架上，然后升温和控温进行二次发酵。

①二次发酵的升温方法　二次发酵的升温方法有以下几种：

第一，干热加温法：在菇房外做一个火炉，使火炉的烟道通入菇房后分成两道，在另一端靠墙处又汇合为一道，并穿墙伸到外面，利用烟道散热来提高室内温度。菇房内的最高温度，可达到62℃。但利用此方法加温，会使培养料的含水量下降。因此，要适当调高培养料的含水量，使之达到70%～75%。

第二，湿热加温法：利用锅炉产生蒸汽，将蒸汽通入菇房内，利用蒸汽来加温。没有锅炉时，可用一个汽油桶作蒸汽发生器。在汽油桶上安装好排水管和放气管，将汽油桶横放在火炉上，注入水后加热，将桶内水烧开，使其产生出大量蒸汽，再将蒸汽送入室内。送汽塑料管在室内要绕成环形，并在适当位置开一个排气孔，使蒸汽在室内各个部位分布均匀，达到升温一致的目的。此外，还可在室内砌一个灶，将灶口开在室外，灶上放一口大铁锅，锅内装上水。当在室外加燃料烧火，将锅内水烧开后，即产生大量蒸汽，使室内温度升高。但这种方法，不如前一种方法效果好。

第三，干湿热加温结合法：在前期利用烟道发热来升温，在后期则利用蒸汽来加温。前期为巴氏消毒，后期通蒸汽控温发酵。

②**二次发酵的操作方法** 将前期发酵料（一次发酵料），趁热铺在床架上。由于菇房内是密闭的，空气不能对流，上层温度高，下层温度低，因此，铺料要铺在床架上层和中层，铺完料后，立即关闭门窗和通风口，让其自然升温。第二天，开始加温。若遇到气温低，料温上升不高时，要立即加温。

二次发酵的温度控制分为三个阶段：第一阶段为升温期（巴氏消毒期）。从45℃开始升温，至60℃～62℃时进行巴氏消毒。根据料的腐熟程度，保持时间也不一样。料偏生的，在60℃～62℃之间，保持6～8小时；料偏熟时，在60℃～62℃之间，只需保持2～4小时。此间要定时通风换气，补充氧气。早晚各开门通风一次，每次5分钟左右。其作用是利用高温杀死料中的病原菌和虫卵与幼虫等。

第二阶段为保温期，又叫控温发酵期。在升温结束后，缓慢打开通风口降温。降到48℃～52℃时，停止降温，并使这一温度维持4～6天。若料偏熟时，只需维持2～4天。此阶段要创造喜温细菌、放线菌和霉菌的生长条件，让其大量生长繁殖。

第三阶段为降温期。后发酵结束后，开始降温，待温度下降至45℃时，打开顶部通风口，尽快让上层料的温度降下来。然后再打开中间窗口，缓慢降温。随即打开所有通风口和门窗。总之，降温要缓慢。当料温下降到30℃以下时，有益微生物就停止生长。这时，可进行分床匀料，翻格，整平料面，开始接种。

3.播　种

播种的方法，分为穴播和撒播两种。用发酵料基质生产的菌种，宜采用穴播。用麦粒基质生产的菌种，以撒播为好。穴播的方法是：先在料上挖播种穴。穴深为料层厚度的一半，穴与穴之间呈“品”字形分布。播时将菌种分成鸡蛋大小的团块，然后将菌种团块放入穴内。穴播完后，再在料面上均匀地撒一层分成蚕豆粒大小的菌种颗粒，用种量要稍多一些，约占整个用种量的1/3多。最后用木板稍压一下，让菌种与料面充分接触。撒播的方法是，先铺一层料，再将用麦粒基质生产的菌种，均匀地撒在料面上。如此共铺三层料、播三层菌种。最后，在料面上再撒播一层菌种，其用种量约占整个用种量的30%。最后，用木板拍平料面，让菌种与料充分接触好。

播完种后，关闭门窗，减少通风量，让菌种萌发、吃料生长。如果保温保湿较难做到，则要在料面上，盖一层塑料薄膜，进行保温发菌。在此期间的前4～5天内，不要揭动塑料薄膜。以后，每天揭膜通风换气一次，每次10分钟左右。这样做的目的，主要是使培养料的温度保持在22℃～26℃之间，防止料面失水干燥。当温度超过30℃时，要及时通风降温。温度过低时，则要关闭门窗保温。当料面水分降低时，可喷少量水保湿。经过7～10天后，当菌种已萌发生长，并基本覆盖料面时，即要覆盖土壤。

4. 覆土与管理

覆盖料面所用的土，要求不含肥料，保水性和通透性良好，故以砂壤为好。若土壤粘性大，通透性不良，可在土中拌入炭渣或谷壳，改善其通透性后，再用来覆盖料面。覆盖之前，要将土块打碎成直径为0.2～0.5厘米的小颗粒，并调节其含水量至22%左右，即为湿润状，用手捏土粒不粘手，但能捏扁，并能搓成圆形。水分含量调节适宜后，再在土中拌入1%的石灰粉调整酸碱度。若土壤含水量偏低，则要用1%的石灰水浇湿后，再用来覆盖。

覆土方式有平铺式覆盖和土埂式覆盖两种，其具体操作方法，与一次发酵栽培的覆土方法相同。

覆土后的管理，主要是保持土壤水分，使土壤始终呈湿润状。当土壤偏干变白时，要及时喷水润湿，但不要喷水过多，以免使土壤含水量过高，影响菌丝在土壤中生长。如果土壤含水量太高，则要加大通风量，使其降低至标准状态。温度以保持在22℃～26℃之间为宜。温度太低，菌丝生长缓慢，此时要减少通风量，做好保温工作。温度高于30℃时，要加强通风换气，使温度降低。

此外，要做好通风换气管理，防止室内二氧化碳浓度过高，在土层上大量长出菌丝，形成菌丝层，影响出菇。

5. 出菇管理

在播种后40～50天，就开始有菇长出。在出菇期间，主要做好保温、调湿、通风换气和光照管理工作。

(1)温度控制

姬松茸出菇的温度范围为18℃～33℃，最适温度为22℃～25℃。在适宜生长的温度范围内，温度低，子实体生长缓慢，个体大，柄粗壮，不易开伞。温度高，子实体生长快，菇体瘦小，容易开伞。在气温低时，要减少通风量，以提高室内温度。当温度超过30℃时，要加强通风换气，和在菇房上加盖隔热材料，如草帘等，以降低室内温度。

(2)湿度调节

子实体生长发育所需的水分，主要来自土壤，因此要始终保持土壤为湿润状。当土壤偏干时，要及时喷水湿润土壤。喷水时，主要向空中和地面上喷，不要直接对着覆土喷，以防止原基被过多的水所淹死。一般以保持空气相对湿度为80％～85％为宜。当姬松茸菇长至3厘米长时，应停止喷水，以防止菇蕾长成畸形。子实体长大成型后，若湿度偏低，可适当向空间和地面喷水，以增加空气湿度。在采收前一天，应停止喷水，以便降低菇体内含水量，利于烘干。

(3)空气管理

子实体在生长期间，要消耗大量的氧气，排出二氧化碳。若通风不良，二氧化碳浓度过高，会使子实体长成畸形菇。在二氧化碳浓度偏高的条件下，所长出的姬松茸菇，菌柄长，个体小，不粗壮，菌盖生长受到抑制。因此，要加强通风换气，使菇房内保持有新鲜空气。

(4)光照保障

在出菇期间，姬松茸只有在散射光线充足的条件下，才能健康地生长发育。光线弱，对其原基形成和子实体生长发育都不利。因此，要改变菇房光照条件，确保其内既有充足的散射光，又避免因阳光直射而使湿度降低。

(5)及时采收

当子实体长大到一定程度，菌盖边缘将要离开而又未离开菌柄，仍然包裹成球形时，即可采收。一旦菌盖半开或完全展开后，质量就会下降。但是，采收过早，菇体偏小，产量又低，所以，采收时间以不早不迟为好。采收的方法是，长大一个，采收一个，留下幼菇继续生长。在高温期间，子实体生长快，易开伞，应一天采收两次，早晚各收一次，才不易出现开伞菇。一般从出菇到采收，大约要 10 天，出菇期可持续 3～4 个月，每平方米可采收鲜菇 8～10 千克。采收时，要去除死菇和病菇。一次采收完后，要及时修补好覆土层，喷补好水分，为下次出菇做好准备。

采收下来的菇，要削去泥脚，去掉菇体表面的杂质，及时烘干，或加工成盐渍产品。为避免自然开伞，降低质量，不要使它在自然气温下放置太久。

采收结束后，要搬出培养料，清扫干净菇房，加大通风量，使室内干燥，为种植下一批菇做好准备。栽培姬松茸可与双孢蘑菇配合使用菇房，秋、冬、春三季用以生产双孢蘑菇，夏季生产姬松茸，使菇房周年得到利用。

(七)熟料栽培

熟料脱袋埋土栽培，由于培养料是经灭菌处理过，并且是在良好条件下发菌的，菌丝生长良好，菌丝浓密，积累养分多，能有效地控制杂菌和害虫，因此产量高，效益好。熟料栽培特别适宜在夏季埋土栽培。对于不适宜进行二次发酵设施栽培，或没有掌握二次发酵技术的生产者来说，此种方法是一种可靠有效的高产栽培方法。其栽培场地,既可设在室内,也可放在田间。笔者利用这种方法栽培姬松茸,曾获得每平方米12千克的产量。

1.培养料的配方与制作方法

①**配　方**

配方1:发酵料70%,稻草(或麦草粉)20%,米糠10%。

配方2:菌渣60%,稻草(或麦草粉)20%,麸皮10%,菜籽饼粉8%,石膏2%。

配方3:菌渣50%,稻草30%,菜籽饼粉7%,米糠10%,石膏1%,石灰2%。

配方4:棉籽壳(发酵处理后)70%,玉米粉5%,砻糠10%,牛粪10%,石灰2%,石膏1%,磷肥1%,尿素1%。

此外,也可利用一次发酵料直接装袋,但利用一次发酵料时,在装袋之前,要喷甲醛来消除培养料中的游离氨,否则接种后菌种不萌发生长。或者将一次发酵料晒干后使用。使用时,再加水拌匀,装入袋中。

②**制作方法**　使用菌渣时,要将其打碎后再使用。菌渣以棉籽壳为好。其中又以金针菇菌渣较好,因金针菇对棉籽壳的利用率低,残留的养分多。此外,还可利用木耳和平菇菌渣。但是,以木屑为主要成分的菌渣,则效果不好。有霉菌污染的菌渣不能利用。

进行配制时,首先按配方比例称取各种原料,将干料混合拌匀后,再加水拌和,拌至含水量为65%左右为止。拌料的方法有两种:一是手工拌料。即用铁铲铲料,来回翻动拌匀,边翻动边拍打原料,让水浸入料中。二是用机械拌料。机械拌料有多种方式。有的是将原料和水装入拌料机料槽内,开动机械,拌匀干料后，再加入水拌料。有的是过腹式拌料，先将主料平铺在地面上，再在上面均匀地撒入辅料，翻动混合拌匀后，加入所需量的水，然后翻动混合，粗拌均匀。再将料送入拌料机内，利用高速旋转的叶片，将料打散拌匀。一次没有拌匀的，可拌多次，直到拌匀为止。水分含量的掌握，是拌料的关键，以用手捏料，无水滴出，但在手指缝间有水迹可见为宜。一般干料与水的比例为1：1.4～1.5。料拌好后，可直接装袋。

2. 装　袋

装料用的塑料袋，规格为18～20厘米×30～38厘米，或者21～22厘米×42厘米。利用直立放置菌筒出菇的，塑料袋长度以30厘米为宜；横卧埋土出菇的，塑料袋长度以42厘米长为宜。

将培养料装入塑料袋时，要边装料边压紧。但是，由于培养料是以发酵料和菌渣为主，通透性差，故装料也不要太紧。如果装料过紧，料中的通透性下降，菌丝生长速度减慢，就会延长菌丝长满料袋的时间，还易出现杂菌感染。培养料装好后，将两端袋口用绳子扎好，或者套上颈圈，用塑料薄膜封口。不宜用纸封口，因为用封口纸，在灭菌时会受潮破裂，袋口的培养料会失水干燥，使接种后的菌种不易萌发生长。

料袋装好培养料后，要及时进行灭菌处理，不宜放置时间太长，以免料中出现厌氧发酵，造成培养料变质和大量杂菌长出。

3. 灭　菌

将料袋放入灭菌灶内，使用高压锅或土蒸灶进行灭菌。利用高压锅灭菌的，当压力上升到0.05兆帕时，放掉锅内气体。

当压力又上升到0.05兆帕时，再放气一次。然后继续加热，使压力升高，当压力上升到0.15兆帕后，保持3小时，即可达到灭菌的目的。灭菌结束后，缓慢放掉锅内气体，打开锅盖，稍冷却后取出料袋。

用土蒸灶灭菌时，将料袋放入灭菌灶内，密封好灶门。灶门一定要封严，才可避免因大量漏气而使温度上升不高。在灭菌初期，要加大火力，烧开锅内的水，产生大量的蒸汽，升高灶内的温度。当温度上升到100℃左右后，保持12～13小时，即可达到灭菌目的。若灭菌灶的容积较大，装袋数量达到1 000袋以上时，则要延长灭菌时间，至少要保持15小时，才能彻底灭菌。在灭菌期间，要注意补充水分，防止锅内的水被烧干后，烧坏铁锅和下层料袋。现在研制出了以蜂窝煤作燃料的灭菌灶，只要一次加足水和蜂窝煤，煤燃烧结束后，灭菌就告结束，使用十分方便。如船形灭菌灶，一次加足水后，加蜂窝煤390块，煤块燃烧完毕后，灭菌就可结束。

4. 接种

将经过灭菌的料袋，放入接种箱或接种室内，冷却至30℃以下时，即开始接种。放入料袋后，要对接种场所进行消毒处理。消毒时，可用甲醛与高锰酸钾混合所产生的气体熏蒸杀菌，或者用气雾剂点燃后产生的烟雾来熏蒸杀菌。在接种前2～3小时，开始熏蒸杀菌，待刺激性气味散去后，即开始接种操作。

接种用的容器和工具，也要进行彻底消毒后再使用。栽培种瓶外壁，要用消毒剂，如0.1%～0.2%高锰酸钾液，或0.25%新洁尔灭液，或2%来苏儿，或75%酒精等进行擦洗，瓶口内壁也要用以上消毒剂进行杀菌。接种工具，要用消毒剂浸泡杀菌后，再蘸取酒精，放在酒精灯火焰上灼烧杀菌。操作者的双手，也要用消毒剂擦洗杀菌。

接种时，打开袋口，将菌种放入袋口内，并在袋口四周都放上菌种。不要将菌种只放在袋口上，以免菌种失水干燥后，不萌发生长。接上菌种后，要在料袋两个端口套好颈圈，并用已灭菌的干燥纸封口。一般一瓶栽培种，可接种 10 袋左右。接种量不宜过少。否则，菌种不能很快萌发生长，封住袋口，杂菌就会进入。因此，接种时一定要用菌种完全覆盖料面，不能有培养料裸露在外。

5. 培　养

培养室要求干燥，洁净，遮光，易调节温度。在放入菌袋培养之前，要认真进行打扫，并喷洒杀菌剂和杀虫剂进行处理。培养室内要设置床架摆放菌袋，以便充分利用培养室的空间，并利于保温发菌。培养床架用竹竿、木材或钢材制作。培养架宽 13～15 厘米，高 250～300 厘米，相邻两层间距 50 厘米。培养架之间相距 70 厘米，用作人行道。无床架时，可直接将菌袋放在地面上培养。在冬季培养时，管理工作以保温为主。在夏季培养时，管理工作则以降温为主。

在冬季培养和夏季培养中，其菌袋堆码方法也不一样。进行冬季培养时，为了利用菌袋自身的热量来保温，采取的是热袋接种，即当料袋内温度下降至 40℃以下，而袋口部位的温度已下降到 30℃时，就开始接种。接种后，趁热码袋培养，就可充分利用菌袋自身的热量来保温，满足姬松茸菌丝生长所需的温度条件。在床架上培养时，要在床架上放满菌袋，不留空隙，以便利用自身的热量来保温。同时，要关闭好门窗。在地面上放袋时，先在地面铺一层干稻草，再将菌袋放在稻草上面。菌袋横卧重叠堆码，堆码 7～8 层，每排菌袋之间相距 10 厘米。放置三排菌袋后，留一条人行道，用于检查菌袋内温度情况，人行道宽 40 厘米。堆码好菌袋后，要及时盖上塑料薄膜进行保温发菌。为了增加保温效果，可在塑料薄膜上，再盖上一层旧棉絮。同时，也要关闭好门窗，避免通风量过大后温度下降也过大，使袋内温度保持在 25℃左右。当袋内温度超过 30℃时，要及时揭开塑料薄膜，通风降温。当温度下降到 23℃以下时，要停止通风降温，盖好塑料薄膜，继续进行保温培养。要注意防止降温过多后无法再升温。如果保温效果差，温度在 18℃以下时，就要采取加热升温来满足生长的温度条件。

夏季培养菌袋时，因气温较高，故要做好降温工作。首先，要选择温度低的培养室；其次，要使培养室通风良好，容易散热。在床架上堆码菌袋时，要单层排放，让菌袋之间的空间增大，便于通风散热。在地面上码袋时，应采取“井”字形方式排放菌袋，使菌袋之间相互间隔开；或者先排放一层菌袋后，再在菌袋上放上两根竹竿，然后再在竹竿上放菌袋，上下层菌袋之间不接触，每层中的菌袋之间也要间隔 4～5 厘米。还要打开门窗，加大通风，散热降温，控制菌袋间的温度在 25℃～28℃之间。另外，错开夏季高温时候进行培养，也是一种降温培养的措施。

在培养期间，要检查杂菌侵染情况，发现有杂菌侵染的菌袋，要及时拣出，防止传染给其他菌袋。特别是链孢霉侵染的菌袋，要早发现，早拣出。因为链孢霉生长极快，在 7～10 天之内就可长满料袋，并在袋口上形成孢子堆。它的孢子传播能力极强，极易萌发。因此，要在链孢霉孢子未形成之前，就要把被它侵染的料袋拣出。其孢子形成后的菌袋，要用塑料袋小心套好后，再搬出培养室，避免孢子被振动后掉出来侵染别的菌袋。

在冬季堆码培养菌袋时，由于上下层与中层之间温度相差较大，菌丝生长速度不一致，在培养15天左右后，应翻袋一次，将上下层菌袋与中层菌袋调换位置排放。翻袋速度要快，并且边翻袋边盖上塑料薄膜，以免温度下降太大后保温发菌困难。

菌丝长满全袋，大约需要40天。长满菌丝的菌袋，不能脱袋埋土栽培的，要降温保存，防止高温烧死菌丝。

6.脱袋埋土栽培

脱袋埋土栽培，可在室内或田间进行，其具体方法如下：

(1)室内栽培

脱袋埋土栽培方式多种多样，有直立放置出菇、横卧放置出菇和打碎分成小块后埋土出菇等。

①**直立放置出菇** 直立放置出菇的菌筒，高度以20厘米左右为宜。菌筒过长的，可分断成两节后，再直立放置出菇。先在室内做一个1.5米宽的厢式菌床，菌床用砖砌成。菌床之间相距50厘米。在菌床厢内直立放置脱去塑料袋的菌筒，菌筒之间相距3～4厘米，或相互靠拢放置。菌筒上端要平行，出菇才整齐(图22)。

②**横卧放置出菇** 将脱去塑料袋的菌筒，横卧放在室内用砖砌成的菌床内，菌筒靠拢排放(图23)。采用横卧方式放置菌筒，因出菇面宽，出菇周期短，故可比直立排放提早收完菇，但占地面积较大。

③**菌筒分块出菇** 将脱去塑料袋的菌筒，分成团块，放置于菌床之中，堆放厚度为15厘米左右(图24)。堆放前，可先在菌床底部铺一层发酵料或菌渣，然后再放置分成团块的菌

料。这样，可充分利用发酵料，增加产量。

图 22　直立放置出菇

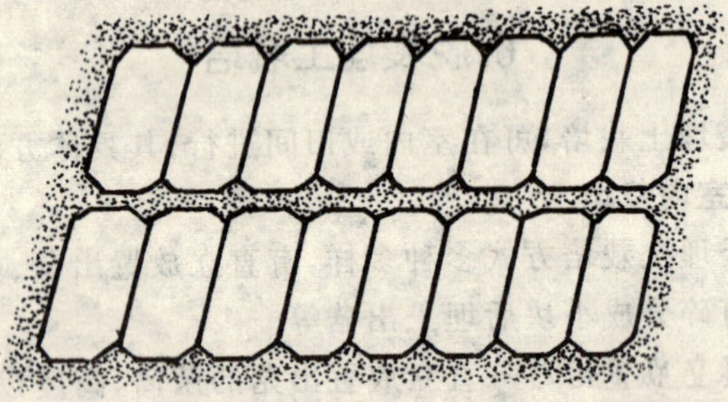

图 23　横卧放置出菇

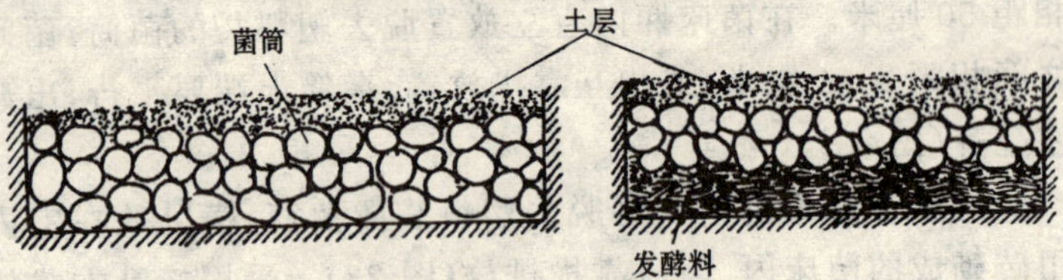

图 24　菌筒分块出菇

④**覆土管理**　覆盖用土，要求不含肥料，无污染，通透性和保水性良好，以砂壤土为最好。粘性大的土，效果不好，可在土中拌入谷壳或炭渣，改善其通透性后再用。覆盖用的土壤，

含水量以22%左右为宜，即能用手将土捏扁，但又不粘手为宜。土壤水分偏低时，可喷1%石灰水浇湿后再用。用土以打碎成直径为0.5～3厘米的小颗粒为宜。在土壤含水量适宜的土块中，拌入1%的石灰粉，调节pH值至7.0后，再用来覆盖。覆土要平整，厚度为3～5厘米。覆土后的管理工作，主要是始终保持土壤为湿润状态。若土壤失水干燥，土块变白发硬时，要喷水进行补充。

(2)田间栽培

田间栽培场地，要求不积水，地势较高，雨季排水顺畅。场地选好后，要先翻耕土地，打碎土块，整平地面，在土壤水分下降到22%左右时，在田间开畦，畦宽150厘米，深15～20厘米(根据菌筒的高度来定)，长度因地势而异。畦与畦之间相距50厘米，作人行道用。在畦与畦之间要开好排水沟。排水沟要低于畦的底部，以免菌床内进水。

脱袋埋土方法，可采用直立排放、横卧排放和分成小块后，加入发酵料或菌渣混合进行堆放栽培等方式。放入菌筒后，要取畦间土覆盖。覆盖用土，先要拌入1%的石灰粉调整酸碱度。

田间栽培时，需加设遮阳棚。遮阳棚可用草帘或遮光率为95%的遮阳网制作，约一人高，为1.8米左右。在菌床上应制作塑料小拱棚(图25)，或者搭建"人"字形草帘棚(图26)，高度约50厘米，用以防止雨水淋在菌床上。"人"字形草帘棚通风透气性好，有利于姬松茸子实体生长，不足之处是不易保湿。而塑料小拱棚内易保湿，但易造成通风不良。因此，在气温较高季节以草帘棚为宜；气温偏低时，可采用塑料小拱棚，以利于保温保湿。

覆土后的管理，主要是保持土壤水分，使其始终为湿润

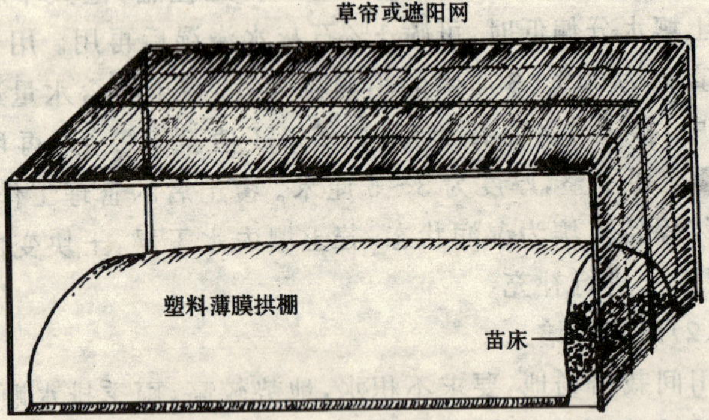

图 25　田间栽培塑料小拱棚

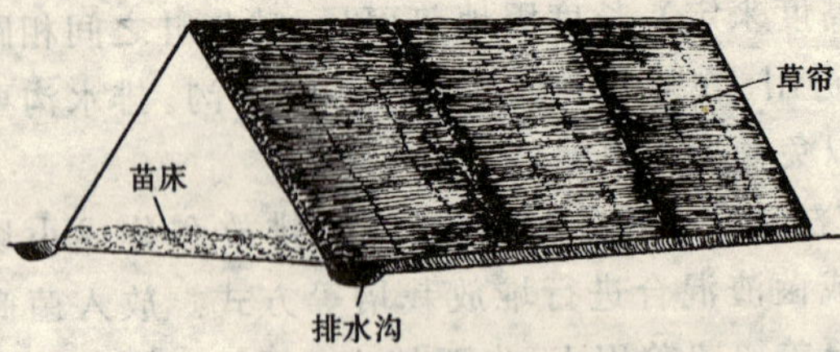

图 26　“人”字形遮阳棚

状，防止雨水进入菌床内，以免造成土壤含水量增加。用塑料膜覆盖的，每天要揭开两端塑料膜，通风换气一次，保证棚内空气新鲜，避免因二氧化碳浓度过高而使菌丝在土表大量生长，形成菌丝层，影响出菇。

7. 出菇管理

当子实体形成后，要做好调温、保湿、通风换气和光照管理工作。

(1)调　温

姬松茸子实体生长的温度范围为16℃～33℃，以22℃～25℃之间为最好，长出的子实体才粗壮，不易开伞。根据这一特点，在夏季高温期间，要加强通风换气，降低菌床内温度。在冬季气温低、不出菇时，要做好保温保湿工作，待气温回升后，再进行出菇。出菇季节在4～10月份，其中以4～6月份和9～10月份为最好。

(2)保　湿

出菇期间，子实体生长所需的水分，主要来自覆土层。因此，在水分管理上，主要以保持土壤的水分为主。空气相对湿度以70%～75%为宜。当土壤表面发干变白时，要及时喷水保湿。喷水是以湿润土壤为度，不要一次喷水太多，造成土壤含水量过高，使子实体出现病害。喷水时，主要向空中和地面上喷，土层上要少喷。在田间栽培的，要定时揭膜通风换气，避免出现高温高湿，造成子实体生长不良。

(3)换　气

由于子实体生长要消耗大量氧气，排出二氧化碳，因此要加强菇棚菇房的通风换气，使其经常保持有新鲜空气。用塑料棚覆盖的，每天要定时揭膜通风换气，以免出现高温高湿环境，妨碍出菇和子实体生长。

(4)控　光

由于子实体在光线充足的条件下才能生长良好，因此要加强光照控制管理，使出菇场地内既有充足的散射光照，但光照又不致太强。如果光照过强，覆土层和子实体易失水干燥，对出菇的数量和质量，产生不利的影响，所以要尽量避免。

8. 采　收

当子实体长大到一定程度，而菌盖边缘又未离开菌柄之时，就要进行采收。在夏季气温高时，对达到采收标准的子实体，一定要及时采收。每天早、晚各采收一次，才能避免出现开伞菇，防止质量下降。一潮菇采收完毕后，要及时修补好覆土层，喷补水分，为下一潮出菇做好准备。

采收下来的姬松茸菇，要削去泥脚，及时出售，或作加工处理，避免菇体因放置时间过久而变褐和开伞，造成质量下降。

（八）日本栽培方式

姬松茸栽培起源于日本，其栽培方式与我国所采用的栽培方式略有不同。日本人栽培姬松茸菇的方式大致如下：

1. 培养料制作

(1)培养料配方

日本栽培方式的培养料配方是：

稻草	375 千克
米糠	10 千克
鸡粪	15 千克
消石灰	8 千克
硫酸铵	10 千克
过磷酸钙	5 千克
水	700～800 升

(2)堆制发酵

①**建堆** 制作一个长1.8米，高为0.5米的堆料框。在堆料时，先在框的中央竖一根直径为10～15厘米，长2米左右的粗竹竿。将切成10～20厘米长的稻草装入框内，稻草厚度为20厘米。再撒入米糠和鸡粪，鸡粪要撒在中部。然后，均匀浇入石灰水边浇边踩紧料。如此一层主料一层辅料地堆装，直堆至高度为1.5～1.8米时为止。堆完料后，拔出竹竿，使中央形成一个通气孔。预堆时间，在冬季为10天左右，春、秋季为7天左右，料温就可上升到70℃～75℃。预堆的目的是利用发酵产生的高温，对稻草和鸡粪进行消毒，同时，也使稻草含水量均匀一致。

②**翻堆** 预堆7天之后，进行第一次翻堆，并在料中加入硫酸铵。在微生物的作用下，通过低温发酵将硫酸铵转变为有机氮，供姬松茸生长用。在预堆期间，中层培养料发酵较好，料温高，而四周的料则较干燥，没有充分发酵。因此，要充分翻堆，把中层培养料翻放在外层，把外层料放在中层，重新建堆。料堆宽1.3～1.5米，高1.3～1.5米，长5～10米。料堆内的温度要保持在50℃～60℃，经过3～4天后，并且维持高温2～3天后，再次进行翻堆。

第二次和第三次翻堆，其方法与第一次相同。也是要把培养料充分拌匀，使内层料翻到外层，周围的料放在内层，再堆积起来，让培养料混合均匀。要使发酵料完全腐熟，翻堆是不可缺少的一项重要工作。

第四次翻堆时，要均匀撒入过磷酸钙粉末。如果堆料中水分不足，则要均匀地洒水予以补充。重新建堆后2～3天，料堆内的温度可上升到50℃，当温度不再上升，并开始下降时，再将料移铺到菇房床架上。

2. 菇房设置

菇房可用普通农家房屋、塑料大棚或鸡舍等代替。它要求通风换气性良好，并开设好排气窗口。在菇房内要设置床架。床架为厢状，两边高 20 厘米，宽 1 米，邻层间隔 30～50 厘米。

3. 培养料铺装

在把完全发酵好的培养料移入菇房之前，要用 pH 试纸检查培养料的酸碱度（即 pH 值）。若 pH 值低于 7，要加石灰来调节；pH 值过高，则要加过磷酸钙来降低。通过调节，使之达到要求的 pH 值 7。培养料的 pH 值调整好以后，要将其铺在床架上，厚度为 20 厘米。为了使姬松茸菌丝生长良好，铺料要不松、不紧，均匀一致。

4. 培养料的后发酵

装料结束后，关闭菇房的出入口和通风口，通入蒸汽，将菇房内温度升高到 55℃～60℃，相对湿度为 80%～90%，并保持 2 天左右。后发酵的目的是杀死培养料中的杂菌和螨虫等害虫，同时，为姬松茸菌丝生长创造一个良好的环境。

5. 接　种

培养料后发酵结束，料温下降到 25℃以下时，可开始接入菌种。把菌种分成鸡蛋大的小块，在料面上按间隔 20 厘米的标准挖穴，接入菌种。接种穴深约 10 厘米，呈梅花形分布。接种量为每 3.3 平方米 1 000 毫升装的菌种 3 瓶。

6. 覆 土

覆土的时间，安排在菌丝已在料中生长开以后，一般在接种后 7～10 天进行。如果覆土时料面较干燥，则要洒水补充水分。覆盖用土，要求不含肥料，保水性和通气性良好，土粒不要太大、太硬。要用 10～20 毫米孔径的筛子筛后使用。土粒中要拌入 1%石灰粉，使之 pH 值达到规定的 7。再用 5 毫米孔径的筛子筛土，将土粒分成大、小土粒两种。然后用土在料面上覆盖梯形土埂（图 27）。土埂的做法是：先覆盖一层粗粒土，再覆盖细粒土，土埂高 6 厘米，下宽 10 厘米，上宽 6 厘米。土埂之间相距 6 厘米，覆盖没有拌入石灰的土粒，覆土厚度为 1 厘米。

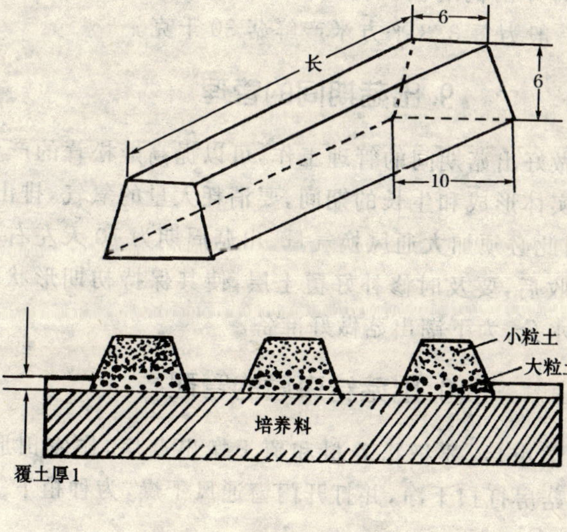

图 27　覆土方法　（单位：厘米）

覆土后的管理，主要是以保持土壤水分为主。当土壤出现干燥时，才喷少量的水。一般7～10天喷水一次。

7. 出菇前的管理

采用专用菇房栽培的，从接种到出菇都是自动控制。但由于各地气候不同，菇房构造不一样，机械也不是完全管用。此期间主要是注意菇房内的温、湿度调节，不要让土壤太干燥或太湿。在菇房内，要多通入新鲜空气。

8. 出菇与采收

栽培的姬松茸，其出菇是在播种30～40天后开始的，出菇期为3～4个月。在出菇期，要分批次采收。采收的适期是菌盖即将离开菌柄之前，若菌盖半开或全开，其品质就已下降。产量一般为每3.3平方米产鲜菇30千克。

9. 出菇期间的管理

精细做好出菇期间的管理工作，可以提高姬松茸的产量。姬松茸子实体形成和生长的期间，要消耗大量的氧气，排出二氧化碳，因此必须加大通风换气量。出菇周期为10天左右。每一潮菇采收后，要及时修补好覆土层，使其保持初期形状，并喷水补充水分，为下潮出菇做好准备。

10. 出菇结束后的管理

出菇结束后，要把培养料和覆土搬出菇房，作农田肥料用。再把菇房打扫干净，并打开门窗通风干燥，为种植下一批菇做准备。

11. 病虫害防治

姬松茸具有较强的抗杂菌能力，几乎不被杂菌所危害。但要加强通风换气，防止菌床内出现高湿度。杂菌往往在覆土前后发生，一旦出现，可用喷灯将其烧掉。

危害姬松茸的害虫，主要有菇蝇、螨虫和线虫等。如果培养料发酵完全，就几乎没有害虫危害。若害虫出现，可用敌敌畏等农药驱除。

六、产品加工与食疗方法

姬松茸主要是以干品销售，其次是盐渍产品。出口产品为干燥加工产品。由于姬松茸具有很高的保健价值，因此在日本极为重视姬松茸产品的开发。以姬松茸提取物为主要原料制成的产品，有贵茸液、贵茸锭、贵茸露、姬松茸颗粒冲剂等制品，在日本市场上，琳琅满目，备受欢迎。

（一）干燥加工

姬松茸干燥加工产品，是常见的销售产品，在国内外都有较好的市场，并且为我国的出口产品。

姬松茸干品的质量，不但与鲜菇的质量有关，而且还与干燥设备有很大的关系。干燥设备按其原理可分为热风干燥、冷冻干燥和远红外线干燥等几种。后两种是目前较好的干燥方法，其最大的特点是能保持姬松茸的风味，复原性好，色泽不变，养分损失少，但设备成本高。这里主要介绍热风干燥方法。

1. 干燥设备的制作

热风式干燥设备，个人可以制造。设备的大小，应根据日生产加工量来定。最简单的一种热风干燥设备，是用砖砌成的。其发热装置有两种类型：一种是在烘干房内用砖砌烟道，利用烟道散热。烟道在烘烤房内分成两道，再在另一端汇合成一道，形成一个框状结构，其终端连接墙外直立烟囱。烘烤房的两端安装排风扇，让热空气在烘烤时对流。烘烤房的两侧敞开处即为进料口。烘烤时在两侧挂上塑料膜，顶部用层板封顶。通过对排风扇的开关和两侧塑料膜的启闭来控制温度。另一种是在烘房内的一端，做一个火炉，在火炉上安装一根通至室外的曲形铁管作排烟管，再在旁边适当位置安一排风扇可对着排烟管吹风。炉子生着火后，其排出的热气通过排烟管，使其变热。吹向烟管的空气，被加热后送入烘烤房内。另一端为进料口，两边用砖砌墙或用层板代替。顶部用层板封顶，并开1～2个可调节的排气窗，或者用旧棉絮来封顶。烘烤房内，安装上料层架。在层架上放置烘烤筛。烘烤筛不能用铁制品制作，因为菇体接触铁制品后会变色，故以用竹制作为好。

2. 原料修整

采收的姬松茸子实体，要及时去杂质，以单层排放在烘烤筛上。也可将菇体剖成两块后，再上筛烘烤干燥。至于是用整菇烘烤干燥，还是用剖开的菇烘烤干燥，要根据市场需求来定，一般用整菇来烘烤干燥。鲜菇不要放置时间过长，否则，子实体会褐变，影响干品的质量。要及时去掉菇体表面泥沙。除用湿布反复擦洗去掉杂质外，还可用清水冲洗。清洗速度要快，放入水中的时间不能过长，以免菇体吸收较多的水分，影响烘烤速度和质量。最好的办法是用湿布将菇体擦拭干净。

3. 烘　烤

将修整后去掉杂质的菇体，放在烘烤筛上。放时不能过厚，以单层为好。烘烤的温度，要由低到高，最高不能超过70℃。排风量要由大到小。若开始的温度过高，会使产品表面烤煳，在通风量少时，还会出现“煮熟”现象，使菇体变软，质量下降。因此，通风量和温度的分段合理调节，是提高干品质量的关键。第一阶段的温度，应保持在40℃～45℃，排风口要全开，加大通风量，保持4～5小时。第二阶段，温度应控制在50℃～55℃，排风口开启1/3～2/3，保持7小时左右。第三阶段，将温度提高到60℃～65℃，关闭风门，保持1～2小时，减小空气流速，进行后期干燥，使干菇的含水量降到12%以下。在烘烤期间，上下层烤筛要调换。因为烘房内上层温度高，下层温度低，上下层交换后，可使两层菇干燥一致。

姬松茸干菇应为鲜黄褐色，无破碎，菌柄与菌盖不分离，含水量在11%～13%之间，即用手捏可成粉末。

4. 干品包装与贮藏

(1)包　装

烘烤好的干菇，要及时包装贮藏，防止受潮变质。包装干菇使用纸箱。先在箱内放一个塑料袋，或复合膜包装袋，将干品装入袋内，扎好袋口，封好纸箱即成。如果是供出口的产品，则要使用外贸出口指定规格的纸箱，装入的数量也要一致。干品包装好以后，放在干燥的库房内贮存，要防止受潮和虫鼠危害。

(2)贮　藏

干品若不能及时销售，放置时间长了，因菇体中含有的多酚氧化酶吸收氧气后，会发生氧化作用，使菇体变为褐色，造成干品质量下降。为了避免干菇变色，应将干品放入冷藏库内，使温度保持在1℃～6℃，这样可减慢褐变。

5. 干菇分级标准

姬松茸干菇，分为以下三个等级：

一级品：色泽鲜黄褐色，菌盖未开伞，直径在4厘米以上。

朵形完整。无泥沙，无焦味，无虫蛀。含水量不超过13%。

二级品：菌盖直径在4厘米以下，其他同一级。

等外品：菌盖展开，破边，盖柄分离，部分出现焦黄等，其余标准同上。

（二）盐渍加工

进行盐渍加工，主要目的是为出口和生产罐头产品贮备原料。因此，盐渍加工产品要按出口要求进行，辅助材料如盐和包装桶，也要按出口标准要求选用。盐渍加工的工艺方法如下：

1. 加工前的准备

加工场地要求清洁卫生，盐渍池为水泥和砖制作而成，最好在水泥池内壁安装上白色瓷砖。所用的工具和容器不能用铁、铜、锡等金属的制品。由于用铁、铜等锅煮菇后，会使菇体变黑，因此要用不锈钢锅或铝锅，工具要用竹木、不锈钢或塑料制品。

盐的质量好坏，对于盐渍产品的质量有重要的影响，故进行盐渍时，要用高质量的精制盐。如果盐的质量差，含杂质多，特别是钙和镁含量高，会使所渍菇产生苦味，质地粗糙，不脆，菇体表面出现斑痕，影响外观。

2. 杀　青

杀青，又叫预煮。将清洗干净的鲜菇，按大小进行分级后，分别进行杀青。若大小混合杀青，会造成杀青不一致，从而影响盐渍产品的质量。

操作时，先在锅内装入大半锅水，加热烧开后，将姬松茸放入锅内，每锅投入的菇量不能太多，以1份菇、2份水的比例为宜。再用旺火加热重新烧开水，边煮边翻动，使菇体受热均匀，并捞去水中泡沫，持续4～5分钟，即应捞出鲜菇。杀青以煮熟而不烂为度，即菇体全部刚沉入水中为止。若煮得过度了，菇体会变软变形，影响质量。一定要用旺火杀青。如果在弱火焖锅下杀青，则往往会出现煮不透或煮得过熟的现象。此外，一定要掌握好杀青时间，不能过长，以免使鲜菇煮得过熟。煮透的鲜菇，用手捏菇体，感到软而有弹性，没有硬心。把它放入冷水中，几分钟后便下沉。煮过度或未煮熟的菇体，放入冷水中，几分钟后则不下沉。

3. 冷却漂洗

将经过杀青的菇体，及时放入冷水中冷却，并清洗掉杂质，使菇体凉透。最好采用流动水快速冷却。如果是在缸中或池内冷却的，至少要换水漂洗两次，否则冷却不透。冷却要越快越好，一定要待菇体内外温度与常温一致后，才捞出来沥去水分，进行盐渍。若菇体没有冷却透就进行盐渍，其产品就会变质。

4. 盐 渍

盐渍的原理是，20波美度的食盐溶液，能产生12 159千帕(120个大气压)以上的渗透压。在高渗压的作用下，微生物细胞质膜分离，原生质收缩，造成生理干燥，导致有害微生物死亡或处于休眠状态。同时，氧也很难溶解于盐水中，形成缺氧环境，一些好气性微生物便难以生长繁殖。

盐渍的方法，有一次盐渍法和二次盐渍法两种。

(1)一次盐渍法

一次盐渍法，又叫层盐层菇法。先在盐渍池底部铺一层杀青并冷却了的菇体，再撒上一层盐，如此一层盐一层菇地装池，直到装满为止。或者按照10∶4的菇盐比例，加入适量的盐，混合拌匀后装池。最后，在菇体表面上铺上2厘米厚的盐封面，再放一个竹帘，并用干净石块等重物压上，以防止菇体暴露在空气中。一般每100千克菇，用盐35～40千克，即菇盐比为10∶3.5～4.0，盐渍时间为25～30天。

(2)二次盐渍法

二次盐渍法，又叫梯度盐渍法。第一次盐渍时将杀青冷却并沥去水分的菇体，装入池内，加入8～10波美度的盐水，使之淹没菇体，再用竹排把菇体压入液面以下，防止菇体外露而腐败变黑。盐渍3～5天以后，捞出沥去盐水，将第一次盐渍的盐水去掉，重新一层盐一层菇地装池。装满池后，在池中加入饱和盐水，淹没菇体。以后，维持盐水浓度为22波美度。浓度降低时，应补充适量的食盐。经过20天左右，盐渍结束，即可包装出售。

5. 盐渍管理

在盐渍过程中，上层盐水浓度会下降，下层盐水浓度会升高，上层菇容易出现变质。因此，要进行翻池或搅拌。在夏季每隔3～5天，在冬季每隔7～10天，翻池一次。或者在池中插入一根橡皮管，每隔5天打一次气，使盐水上下循环，浓度达到一致。

6. 分级装桶

(1)准备桶

装盐渍产品的桶是出口专用塑料桶，塑料桶的规格按装入数量来分，有25千克和50千克两种，塑料桶又有软质塑料桶和硬质塑料桶两种类型。软质塑料桶成本低，空桶可折叠，便于运输。至于用何种类型和规格的塑料桶，应根据出口部门的要求来选用。

(2)调制饱和盐水

调制饱和盐水时，一定要用精制的食用盐和干净水。将盐放入池内，加入开水，充分搅拌，使之澄清，捞出浮杂物，在池底始终有一层盐，才算是饱和盐水。如果池中的盐全部溶解于水，无盐可见，则不是饱和盐水。调制好饱和盐水后，还要调节其酸碱度。其方法是，将柠檬酸加入饱和盐水中，使其pH值达到3～4。一般柠檬酸的用量为0.5%。

(3)装　桶

装桶前，先检查塑料桶是否破漏，然后在桶内放入一个塑料袋。将盐渍好的姬松茸捞出，沥至水不成线状滴下为止。3分钟后称重，按额定的重量装入桶内，然后加入调制好的饱和盐水，封好塑料袋口，盖上桶盖。

此外，如果盐渍产品用来作内销，可用塑料袋包装，每袋重量为1千克。脱盐后才能食用。脱盐的方法是，先将盐渍姬松茸放入淡盐水中浸泡几小时，再换淡盐水浸泡，如此3～4次后，再放入无盐的水中浸泡。隔一段时间后，再换水，直到菇体无盐味为止。此外，还可采用流动水脱盐。其做法是，将盐渍的菇体放入水池中，打开水龙头向池中加水，同时也打开水池中排水口，使之形成流动水，进行脱盐，直到无盐味为止。

（三）深加工

1. 生产姬松茸保健饮料

（1）深层发酵

①**培养基配方**　玉米淀粉3%，蔗糖2%，酵母粉0.5%，磷酸二氢钾（KH_2PO_4）0.3%，硫酸镁（$MgSO_4 \cdot 7H_2O$）0.3%，维生素B_1 1毫克/100毫升。

②**发酵工艺**

斜面菌种 —(26℃振荡培养9天)→ 一级摇瓶 → 二级摇瓶 —(26℃8天)→ 发酵产物 —(60℃ 1小时)→ 组织捣碎 → 过滤 → 菌丝球 → 滤液 → 原液

过滤 → 滤液 —(80℃1小时)→ 原液

（2）饮料配制

原液 —(细过滤，冷却)→ 配料 —(白砂糖、柠檬酸、尼泊金乙酯)→ 装瓶 → 封口 → 灭菌 → 成品

（3）饮料质量

①**感官指标**　淡黄色，具有姬松茸特有的清香。

②**理化指标**　总酸（以柠檬酸计，克/100毫升）0.15～0.20，总糖（以折光计）10%～20%，防腐剂＜4.0克/千克，有害元素：铅＜1毫克/千克，砷＜0.5毫克/千克，铜＜10毫克/千克。

③**卫生指标**　细菌总数≤100个/100毫升，大肠杆菌菌

群≤6 个/100 毫升，致病菌不得检出。

2. 泡制姬松茸酒

（1）配　方

姬松茸干品	100 克
酒	1 000 毫升
砂糖	100 克

（2）制作方法

将姬松茸干菇装入密封性好的瓶中，加入砂糖和酒。密封浸泡，间或振荡，浸泡 1 个月后，就可饮用。饮用时，加以振荡，让沉淀物悬浮在酒中（因沉淀物为多糖，是姬松茸中的主要有效成分）再饮用。

3. 提取多糖

姬松茸的主要有效成分为多糖，其中的粗多糖具有很高的抗肿瘤活性，它的抗肿瘤活性高于云芝、灵芝、猪苓、松口蘑、香菇、平菇、金针菇、树舌和桦木褶菌等。其多糖可从子实体、菌丝体和培养液中提取。

（1）姬松茸子实体多糖的提取方法

①工艺流程

子实体→切碎→水煮→滤液→浓缩→［酒精沉淀／碱液沉淀］→分离→多糖→干燥→粉碎→多糖粉

② **提取方法**

第一，选料。要选择干净、无霉变、无污染的子实体作原料。

第二，切碎。将子实体用刀或机械切成片或粉碎成颗粒。

将原料切碎,是为了浸提出更多的多糖成分。

第三,水煮。将粉碎后的子实体放入不锈钢锅中,加入8～10倍量的去离子水,然后煮沸浸提1小时,使子实体中的多糖尽量溶解于水中,然后过滤,取其滤液。再将残渣加水煮沸浸提1小时,过滤取其滤液。最后将两次滤液合并在一起。

第四,过滤。将子实体浸提液,用多层纱布过滤,或用离心机分离,去掉残渣后,取其滤液作提取多糖用。

第五,浓缩。由于子实体浸提液数量大,多糖浓度低,故需浓缩后才有利于提取多糖,减少酒精、氢氧化钠等物的用量。浓缩方法有加热法、真空法和真空薄膜法三种。加热浓缩所需时间长,但不需要专门的设备。而真空浓缩法和真空薄膜浓缩法,浓缩时间短,效率高,但需要真空浓缩设备。加热浓缩的方法是,将滤液加热到100℃,不断搅动,使其蒸发,滤液体积减小,多糖浓度增大。当浓缩至原液的1/3左右时,即终止浓缩。

第六,加酒精沉淀。由于姬松茸多糖不溶于酒精、丙酮和丙醇等有机溶剂,因此,可利用这些有机溶剂,将浓缩液中的多糖通过沉淀而分离出来。其做法是,将浓缩液装入不锈钢锅中,然后加入浓缩液3倍量的酒精,使溶液的酒精浓度达到73%左右。边加入酒精,边搅动,让多糖在均匀的酒精浓度下沉淀下来。

第七,分离。加入酒精搅拌均匀后,将其静置,促使多糖尽快全部沉淀。用虹吸管小心地吸去上清液,过滤出沉淀物。此外,也可用离心法将沉淀物分离出来。

第八,干燥。将分离出来的多糖,摊放在搪瓷盘中,使之成一薄层。然后把它放入烘箱中,让它在65℃的温度条件下干燥,或把它放在真空干燥箱内,进行真空干燥。

第九,粉碎。干燥后的多糖,多为结块状。因此,要将多糖放入粉碎机中粉碎，再用60目筛过筛，所得粉末即为姬松茸多糖粉。

以上是利用酒精提取的多糖，为水溶性多糖。此外，还可利用氢氧化钠提取多糖。利用氢氧化钠提取的多糖，为水不溶性多糖。其提取方法是，将经过提取水溶性多糖后的残渣，用5%的氢氧化钠（30℃）再提取出多糖，可得到有显著抗肿瘤活性的水不溶性多糖体FⅢ-2-b。这种多糖体是β(1→6)D-葡聚糖-蛋白质复合体（葡萄糖：蛋白质＝55：43 w/w）。

将上述提取后的子实体残渣，再用5%的氢氧化钠（80℃）提取，可得到另一种多糖体FⅥ-2-b。这是一种木糖-葡聚糖（木糖：葡萄糖＝2：10摩尔比）。

(2)菌丝体多糖的提取

①菌丝体的制备 菌丝体的制备有两种途径：一种是利用固体发酵生产菌丝体，另一种是采用深层发酵生产菌丝体。

第一，固体发酵菌丝体多糖的提取工艺流程：

菌丝体培养→固体培养菌丝体→干燥→热水提取→浓缩→乙醇沉淀→分离→干燥→粗多糖

第二，深层发酵菌丝体提取多糖的工艺流程：

菌丝发酵液→过滤→菌丝体→热水提取→分离→乙醇沉淀→分离→干燥→粗多糖

②多糖的提取方法 将菌丝体放在90℃～100℃热水中浸提1小时，再将水提取液浓缩至原量的1/3左右，然后加入3倍量的95%乙醇沉淀多糖，边加边搅拌，搅匀后静置过夜，让多糖全部沉淀下来。次日吸去上清液，用离心法将沉淀物分离出来，最后将沉淀物进行干燥，即为粗多糖（ATOM）。该多糖为蛋白质多糖，含有5%的蛋白质，伴有少量的半乳糖和核糖的葡萄糖配甘露聚糖-蛋白质复合体。它也具有较好的

抗肿瘤活性。

(3)发酵液中提取多糖

发酵液中所含的多糖，是菌丝生长过程中代谢产生的。由于这种多糖是分泌在细胞外的，故称为胞外多糖。

①**工艺流程** 从发酵液中提取多糖的工艺流程如下：

斜面母种→摇瓶培养→一级发酵种培养→二级发酵种培养→发酵培养→过滤→发酵液→浓缩→乙醇沉淀→分离→干燥→多糖

②**提取方法** 将发酵滤液加热浓缩至原体积的1/6后，加入等体积的乙醇进行沉淀。边加入，边搅拌，让多糖完全沉淀下来。将其放在4℃下静置过夜后，用虹吸管小心地吸去上清液，并用离心法分离出沉淀物来，再用丙酮和乙醚洗净，得到多糖(AB-FP)。这种多糖的分子量为10^5～10^7，$[\alpha]D+63^0$(C＝2.0，水)，是一种含有微量的葡萄糖、半乳糖、核糖的甘露聚糖蛋白质复合体。这种多糖也具有较显著的抗肿瘤活性。

(四)食疗方法

1. 姬松茸饮料

用姬松茸干菇20克，装入纱布袋中，加水1升，煮沸30分钟，然后改小火煮沸，浓缩1/4左右取出。再加入35度以上的酒，再浸煮30分钟。取出纱布袋，再放入锅中，加水0.5升，进行第二次浸煮，方法同上。第二次浸煮液浓缩1/4后，终止浸煮。然后将两次浸煮液合并，放入保温锅中高温下保存。如果把它放在常温下保存，两天后就会变质，所以要进行高温保存。食用方法是，一日300毫升，分3次饮用。

2. 姬松茸浸提液

取姬松茸干菇 2 克，或鲜菇 100 克，放入不锈钢锅或铝锅中，加水 1 升，小火浸煮大约 2 小时，即可得到浸煮液。食用方法是，一日 3～4 次，空腹食用。

3. 姬松茸酒

制作方法：取姬松茸干菇 100 克，白酒 1 升，砂糖 100 克。将以上原料装入密封性好的瓶中，经常振荡。1 个月后开始饮用。

饮用方法：因酒精浸提出的多糖沉淀于瓶底，而多糖是主要有效成分。因此饮用之前，要振荡酒液，让沉淀物悬浮起来后再饮用。每日饮用量为 30 毫升。

4. 糖尿病患者食用姬松茸的方法

糖尿病患者每天食用 20 克姬松茸干菇。其方法是，加水煮沸，取浸出液食用。服用 2～3 天后，用尿糖试纸检查，发现变色时，应增加食用量，每日食用 30 克或 40 克，直到尿糖试纸不变色为止。不变色后也要继续饮用，但用量要减少。

5. 高血压患者食用姬松茸的方法

高血压患者每日食用姬松茸干菇 20 克，煮沸取浸出液饮用。2～3 天后，检查血压。血压下降后，仍继续饮用，同时减少降压药的服用量。直到不服用降压药，食物不受限制时，再减少对姬松茸的食用量。

七、姬松茸病虫害的防治

（一）病害种类及其防治

1. 胡桃肉状菌

胡桃肉状菌又叫假块蕈、小牛脑菌和椰菜菌。它是姬松茸生产中的重要病害。在分类上隶属于真菌门，子囊菌纲，歪囊菌目，大团囊菌科，胡桃肉状菌属。

【形态特征】 子囊果群生于覆土层中和表层，或菌床之中和底部。为近球形的不规则脑状，表面呈不规则的皱褶，极似核桃仁或花椰菜。初期为浅白色，后变为淡黄色，继而变为褐色。培养料表层菌丝呈白色，短而密，有很浓的氯气味。子囊排列不规则，不久便消失。子囊卵圆形至近球形，或椭圆形，有短柄和长柄，大小为 12～25 微米×15～28 微米，大多数子囊中含有 8 个子囊孢子。子囊孢子为球形或近球形，表面光滑透明，大小为 5～7 微米×5～6 微米，壁薄或较厚，子囊和侧丝消失后，成堆的子囊孢子呈硫磺色（图 28）。

【症　状】 在覆土层或培养料中出现不规则成串的畸形小菇蕾状杂菌，为淡黄色，并不断向四周扩散，散发出强烈的漂白粉气味。严重时，会使姬松茸菌丝消失，培养料变黑，造成减产或绝收。

【习　性】 在高温高湿和郁闭的环境下生长。

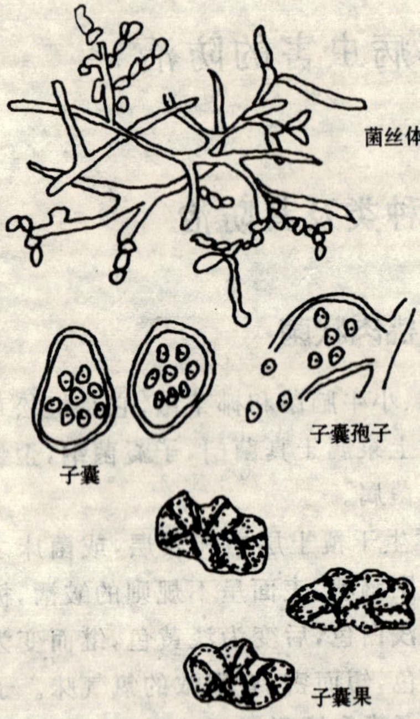

图 28　胡桃肉状菌

【防治方法】

①不要使用感染胡桃肉状菌的菌种。

②发病后，用石灰水浇灌，并停止喷水，加大通风量，使其干燥后，挖出去掉。

③在料中拌入 800 倍多菌灵溶液，或者在发病初期喷洒多菌灵溶液杀菌。

④用 200 倍 50%施保功溶液喷洒杀菌。

2. 棉絮状菌

棉絮状菌，又叫棉花絮杂菌。病原菌为可变粉孢霉。在分类上隶属于真菌门，半知菌亚门，丝孢目，丛根孢科，粉孢属。

【形态特征】 初期，其菌落形态和颜色似棉花状，后变为橘红色，故又称唇红霉、变紫内霉和红色地霉等。菌丝呈淡白色或银白色，短而细。在显微镜下观察，菌丝为管状分枝、分隔的菌丝体。以后菌丝呈萎缩状，继而变成白色粉末状，即菌丝断裂成分生孢子。后期，灰白色粉状菌丝变成橘红色颗粒状孢子，孢子为短圆柱状(图 29)。

【症　状】 在姬松茸菌床上大量发生时，抑制姬松茸菌丝生长，发病区出菇稀少，菇小，严重时不出菇。

【习　性】 在温度10℃～25℃之间都能生长，最适温度为20℃。培养料的含水量在50%～70%下都可生长。对覆土层水分和空气相对湿度要求不严。好气性比姬松茸强，从料中很快爬到土层，在土粒间和表面上生长。

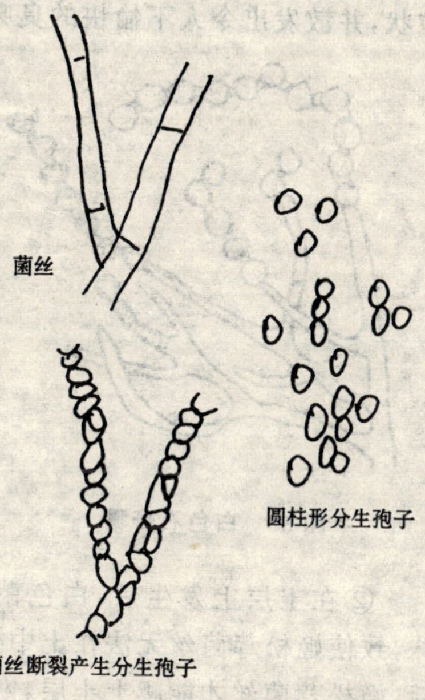

图 29　棉絮状菌

【防治方法】

①当棉絮状菌菌丝在土表上出现时，用多菌灵500倍液或托布津喷洒。

②在病害发生严重的菇房内栽培时，用多菌灵800倍液拌料，有明显的预防作用。

③在出菇之前，喷多菌灵500倍液进行预防。

3. 白色石膏霉

白色石膏霉又叫臭霉菌。病原菌为粪生帚霉。在分类上隶属于真菌门，半知菌亚门，丛梗孢目，丛梗孢科，单亚科卵形孢霉属。

【形态特征】 分生孢子梗短，分枝少而细长，分生孢子串生，球形或圆筒形，单细胞，无色。菌丝初期为白色浓密绒毛状、成团、连绵而有间断的不等形菌落。继而逐渐从菌落中心处，开始变为淡黄或黄白色。最后，菌落变成黄褐色粗糙的粉粒状，并散发出令人不愉快的臭味(图 30)。

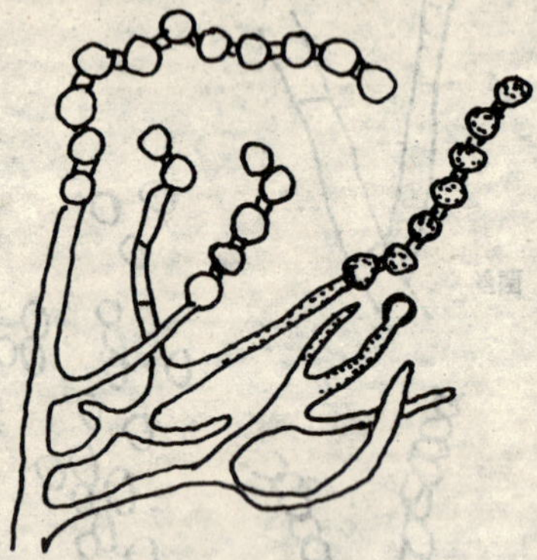

图 30　白色石膏霉

【症　状】

①在培养料上发生后，初期为白色浓密绒毛状菌丝，随着温度、湿度的升高，菌落扩大，最后变为黄褐色。与此同时，培养料变粘，发黑，发臭，姬松茸菌丝就不能在其中生长。直到白色石膏霉菌丝自溶、臭气消失后，姬松茸菌丝才能恢复生长。

②在土层上发生后，白色菌落很快变为黄褐色，产生臭味，致使姬松茸菌丝无法在土中生长。直到其自溶、臭气消失后，姬松茸菌丝才能爬上土层，恢复正常生长和出菇。

【防治方法】

①使用优质发酵料。

②在培养料中加入的石膏和过磷酸钙要适量。

③局部发生时，可用 1 份冰醋酸对 7 份水的溶液，浸湿病区。大面积发生时，用多菌灵 500 倍液或 5%石碳酸液喷洒杀菌。

④加大通风换气量，降低湿度。

4. 粘　菌

病原菌主要为团网菌、发网菌和绒孢菌等。隶属于粘菌门，粘菌纲，团网菌目、发网菌目和绒孢菌目。

【症　状】 形态为粘液状物，用手接触时，有粘手感觉，稍提起后即呈网状。其颜色有黄色、黄白色、绒白色或近无色等几种。呈半流体状伸展，前端不规则，后端呈网络状。其子实体由柄和孢囊组成，俗称为“脓泡”。

【生长条件】 粘菌生长在潮湿环境中的枯草、朽木枯叶、木屑及苔藓植物上。通过孢子和水来传播。

【危害方式】 对姬松茸菌丝体和子实体都能危害。姬松茸菌袋中被粘菌侵染后，姬松茸菌丝体消失，菌袋变软，并产生臭味。姬松茸子实体的原基腐烂。

【防治方法】 首先搞好环境卫生。培养室和栽培场地在使用前，先清扫杂物，并用强碱（如烧碱）和强酸（冰醋酸）对环境进行喷雾消毒。培养室要保持干燥，加强通风换气，防止出现潮湿。在出菇期间进行喷水保湿时，要用干净水，如井水、自来水等，进行喷雾保湿，不能用池塘污水来喷雾保湿，否则会出现粘菌危害。一旦出现粘菌危害后，要及时清除掉，将感染粘菌的菌床烧毁，或用石灰粉处理，或深埋入土中。切勿任意扔在生产场地附近。

5. 链孢霉

链孢霉（图 31）是菌种、菌袋生产中常见的一种杂菌，又叫脉孢霉、串球霉、红色面孢霉等。病原菌为粗糙脉纹孢霉和面包脉纹孢霉（又叫好食脉孢霉）两种。无性阶段隶属于半知菌纲，丛梗孢目，球壳菌科，脉孢霉属。

【症　状】 在料面上形成橙红色或粉红色的蓬松霉层，有的先长成一个肉质状的橙红色球状体，后期在球状体上形成许多粉末状的孢子。菌丝体白色，稀疏，粗壮，生长极快，在几天内就可长满瓶和袋。传染也极快，孢子掉在培养料上或封口纸上，在温度高于 25℃和湿度大的条件下，很快就萌发生

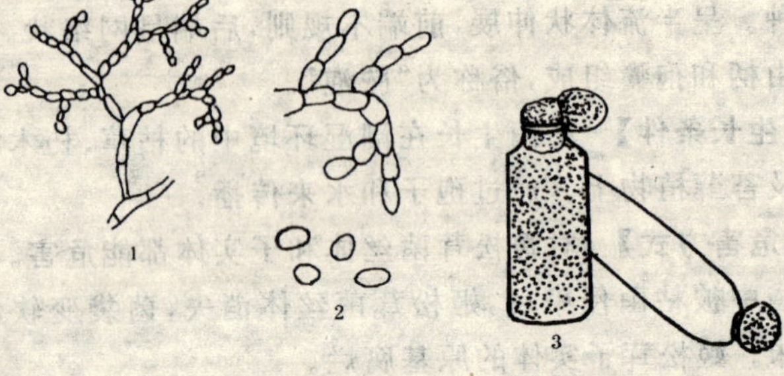

图 31 链孢霉

1. 分生孢子链 2. 分生孢子 3. 孢子团

长，造成污染。

【防治方法】 首先要搞好环境卫生，在生产场地内严禁扔嫩玉米芯，因在自然条件下，嫩玉米芯上极易生长链孢霉。其次，生产菌种和菌袋的封口物，如棉塞、报纸等，不要潮湿。培养室内要保持干燥。在培养室内摆放菌袋之前，用甲醛液或复合酚喷雾杀菌。一旦菌袋出现链孢菌后，要将其及时搬出。已形成孢子的，为了防止孢子掉下来侵染别的菌袋，要用湿纸包裹或者塑料袋轻轻地套上后再搬出。在链孢霉生长初期，可用煤油或柴油处理，就能及时抑制链孢霉生长。因其孢子具有较强的疏水性，其他药物很难渗透到孢子内将它杀死。据笔者试验，煤油和柴油是不能杀死链孢霉的，而只是使菌丝和孢子萌发或菌丝生长受到抑制，不能以菌丝形态生长，只能以分子孢子形态生长，从而使其不造成危害。

6.绿　霉

绿霉又叫木霉。属真菌门，半知菌亚门，丝孢纲，丝孢目，丛梗孢科。危害姬松茸的主要为绿色木霉和康氏木霉(图32)。

康氏木霉

绿色木霉

图 32　木　霉

【生长习性】 木霉广泛分布在自然界的空气和土壤中。它适应性强，生长迅速。它最适宜的生长温度为 30℃左右，空气相对湿度为 95%左右，pH 值为 3.7。孢子生长的最适温度为 25℃～30℃。

【症　状】 初期菌丝为灰白色，细而密。不久便产生大量的孢子，孢子堆呈绿色。木霉具有较强的分解纤维素能力，产生出毒素抑制姬松茸菌丝生长。一般在灭菌不彻底时发生木霉污染，或者出现在袋口处。

【防治方法】

①在菌种生产时，灭菌要彻底。使用的培养料要新鲜，无

木霉感染。在配制培养料时，要加入石灰调整pH值为8～9，造成碱性环境，抑制木霉生长。

②接种操作时，要创造一个无菌环境，防止带入木霉杂菌。在培养菌丝时，培养室要干燥，空气流通，温度也不要太高，以22℃～25℃为宜。因为在高温高湿条件下，极易感染木霉。

③收菇后，不要留下菇脚，并且停止喷水，加强通风换气，防止在菇脚处出现木霉侵染。

④菌种或菌袋中出现木霉感染后，要及时搬出，采取以下措施处理：一是烧掉；二是深埋入土中；三是分批将少量感染木霉的袋料，与正在装袋的料混合后，再装袋灭菌接种。以此办法将其处理掉。再利用已感染木霉的袋子时，不能采取直接灭菌后接种的方式。这样做菌种不易成活，因为料中已经含有抑制菌种生长的毒素。

⑤出现木霉感染后，在早期可采取用多菌灵或克霉灵、石灰液等进行局部注射的方法，来抑制木霉生长。

7. 青　霉

青霉在分类上隶属于真菌门，半知菌亚门，丝孢纲，丝孢目，丛梗孢科，青霉属。危害姬松茸的青霉种类，有产黄青霉、圆弧青霉和黄白青霉等(图33)。

【症　状】 青霉污染菌种和菌袋后，菌丝生长受到抑制。培养料中碳水化合物过多时，就易导致青霉感染。菌落初期为白色，随后产生孢子，分生孢子呈蓝绿色。

【生长习性】 青霉种类多，分布范围广，是一种十分普遍的杂菌，常生长在水果、谷物和秸秆等有机物上。它生长的适宜温度为20℃～30℃，适宜空气相对湿度为90%以上。

【防治方法】

①培养料要新鲜,无霉变。配制培养料时,要少添加含碳水化合物的原料,如菜籽饼粉、玉米粉等。灭菌时,利用常压灭菌的,在100℃下要保持12～15小时。要从选料、配料和灭菌上来抑制青霉的生长。

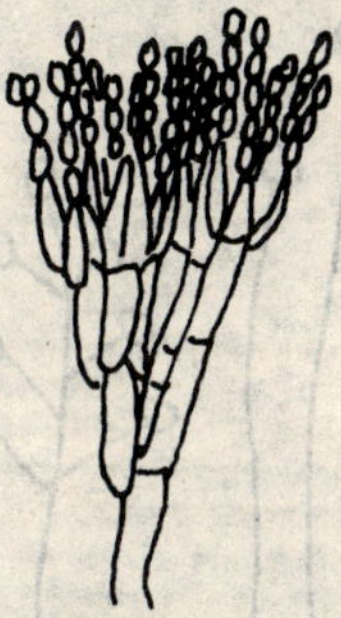

图33 青 霉

②接种操作时,要认真对接种场所进行消毒处理,创造无菌环境,防止接种时带入青霉等杂菌。

③在培养菌丝期间,培养室要保持干燥和通风透气良好,防止出现因高温高湿的环境条件,而有利于青霉的生长。

④出现青霉感染的菌袋,在初期可用克霉灵或多菌灵或5%的石灰水上清液,进行局部注射,抑制青霉生长,降低感染面。污染严重的,要及时搬出,将其培养料分批次少量地拌入正在装袋的培养料中,重新进行装袋、灭菌和接种,达到既可防止侵染扩大,又可再利用原料的目的。不能采取直接灭菌接种的方法来利用,因为青霉菌产生的毒素已贮存在料中,再利用时就会抑制姬松茸菌丝生长,造成接种后菌种不萌发生长。

8.根 霉

根霉,主要是黑根霉,属真菌门,结合菌亚门,毛霉目,毛霉科,根霉属(图34)。

【症 状】 根霉侵染后,菌丝生长快,初期为白色,后期为灰白色,菌丝浓而粗壮。形成孢子后,变成暗灰色或灰黑色点状孢子。根霉对姬松茸菌丝无抑制作用,但与姬松茸菌丝争夺养分。菌袋被根霉感染后,后期会被姬松茸菌丝覆盖,并能出菇，但产量要降低。

【生长习性】 根霉广泛分布在土壤、空气和粪便上。它适应性强，喜在中温高湿偏酸条件下生长。

【防治方法】

①选择无污染的原料，并在配料时加入石灰粉来调高其酸碱度，使 pH 值达到 8。灭菌要彻底。

②接种环境要彻底消毒，并严格按无菌要求操作。

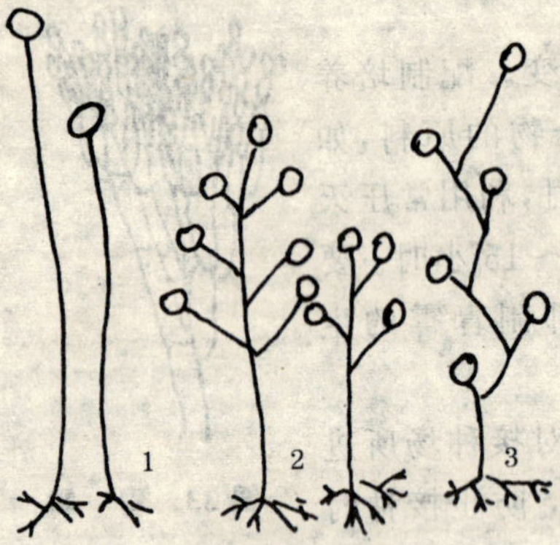

图 34 根 霉

1. 单柄 2. 总状分枝 3. 假轴状分枝

③培养室要干燥，要通风换气良好。出现根霉侵染后，要及时搬出，拌入其他料中，再重新装袋，灭菌接种。侵染严重又无法再拌入新料中的，就让其自然生长，同时姬松茸菌丝也生长，并且能长满袋，也会出菇，但产量要低一些。

9. 毛 霉

毛霉，又叫长毛霉和黑色包霉。属真菌门，结合菌亚门，结合菌纲，毛霉目，毛霉科。危害姬松茸的毛霉主要为总状毛霉(图 35)。

【症 状】 毛霉侵染菌种和菌袋。菌丝初期为白色，后期变为灰色。它生长快，在 1 周内就可长满菌袋或菌瓶，最后出现许多黑色孢子。姬松茸感染毛霉后，仍能生长出菇，但产量下降。

【生长习性】 毛霉是一种常见杂菌，主要在贮藏的谷物上生长，也生长在粪便、土壤及植物残体上。毛霉对环境的适应性强，生长迅速。喜在潮湿、酸性的环境条件下生长。

【防治方法】 防治方法与根霉的防治方法相同。

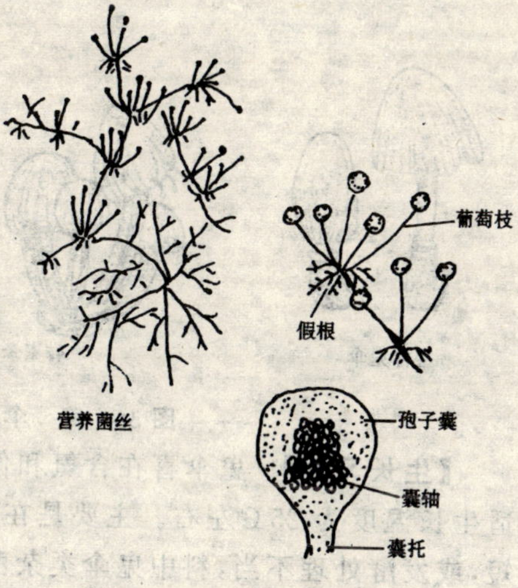

图 35 毛 霉

10. 细菌类病害

【症 状】 姬松茸感染细菌类病害后，初期子实体上出现褐色斑点，后期子实体腐烂。

【防治方法】 防止出现高温、高湿的环境。在高温期间，要加强通风换气。土层中含水量不要过高。出现细菌类病害后，可用漂白粉上清液或金霉素喷雾杀菌。要及时去掉病菇，防止传染。

11. 鬼 伞

常见的鬼伞，主要有长根鬼伞、粪鬼伞和墨汁鬼伞(图36)。属于真菌门，担子菌亚门，层菌纲，伞菌目，鬼伞科，鬼伞属。

【症 状】 鬼伞在发酵料中出现以后，长出白色的子实体，最后菌盖变黑并随之变成黑色的液体。大量发生后，与姬松茸争夺养分，抑制菌丝生长，造成出菇量减少或不出菇。

图 36 鬼 伞

【生长习性】 鬼伞喜在含氨和偏酸性的条件下生长，最适生长温度为 25℃左右。主要是在培养料堆积发酵时间过短，或发酵处理不当，料中鬼伞类杂菌未完全杀灭，和料中产生出游离氨的情况下发生。此外，在进行熟料栽培时，灭菌的温度和时间不够，造成灭菌不彻底，也会有鬼伞类杂菌出现。

【防治方法】

①使用无鬼伞侵染的原料，灭菌要彻底。进行常压灭菌，在温度达到 100℃时，应保持 10 小时以上。

②堆制发酵时，堆制时间不要太短，料堆内温度要高。培养料要完全腐熟。

③出现鬼伞感染后，污染轻的，仍继续培养，姬松茸菌丝也生长。长出鬼伞后，要及时拔除。

(二)害虫种类及其防治

1. 螨 虫

螨虫是姬松茸生产中危害较严重的害虫。常见的危害螨类有长头螨等(图 37)。

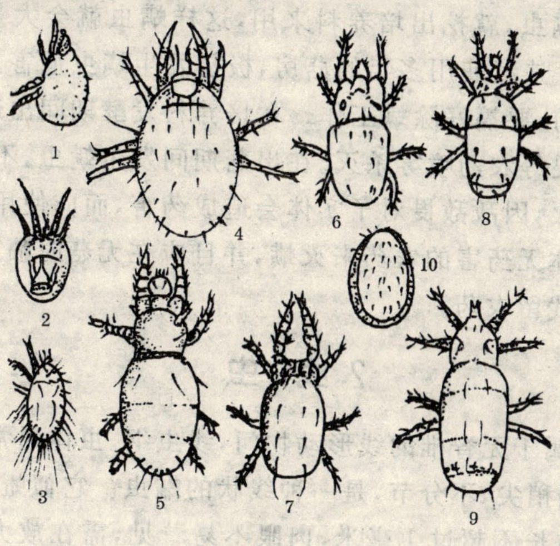

图 37 常见螨虫种类 (仿邹萍等)

1. 速生薄口螨雌螨腹面 2. 速生薄口螨休眠体 3. 腐食酪螨雌螨 4. 蘑菇嗜木螨雌螨 5. 蘑菇长头螨雌螨 6. 食菌穗螨正常雌螨 7. 食菌穗螨异型雌螨 8. 隐拟矮螨 9. 兰氏布伦螨雌螨 10. 矮肝历螨雌螨

【发生与危害】 螨虫主要来源于仓库、饲料内或鸡棚里的粗糠、棉籽壳和菜籽饼等原料中,通过培养料和菌种传播。

螨虫繁殖快，个体小，喜在高温下生长繁殖。

【危害方式】 主要是取食菌丝，尤其是原种，它非常喜欢吃。结果造成菌丝被吃掉变稀，最后不出菇，或幼菇死亡。

【防治方法】 在菌种生长期间，就要做好螨虫的防治工作。对培养室，在使用之前，要喷洒杀螨农药，如扫螨特、敌敌畏等，或者用磷化铝进行密闭熏蒸杀虫。菌种中出现螨虫为害后，必须用高温进行处理，杀死螨虫后，再挖出培养料使用；切勿不杀死螨虫，就挖出培养料来用，这样螨虫就会大量繁殖，加重危害。连续使用多年的菇房，极易发生螨虫危害。因此，在使用之前，要搞好除螨工作。在培养料发酵期间出现螨虫，可用敌敌畏等农药喷雾杀灭。在出菇期间发生螨虫，不能用敌敌畏来杀灭，因敌敌畏对子实体会造成药害，而应使用扫满特等对子实体无药害的农药来灭螨，并且应在无菇时喷药，防止子实体上残留农药。

2. 线 虫

线虫属于无脊椎的线形动物门，线虫纲。虫体通常呈长圆柱形，两端稍尖，不分节，是一种线状的蠕虫。它似蚯蚓，但体型极小，体长不超过1毫米，肉眼不易看见，需在放大镜和显微镜下才能看见(图38)。线虫繁殖很快，幼虫经3～5天就能发育成熟，并可再生幼虫。在14℃～20℃时，3～5天可以完成一个生活周期。

【发生与危害】 线虫主要由培养料和水源带入菇房。通常在阴雨天、闷湿和通风不良情况下发生。线虫浸入菌筒后，取食菌丝，造成子实体生长停止，出现枯萎，并带入细菌，造成烂菇。

【防治方法】 出菇期间喷水保湿时，不要太湿，要加强

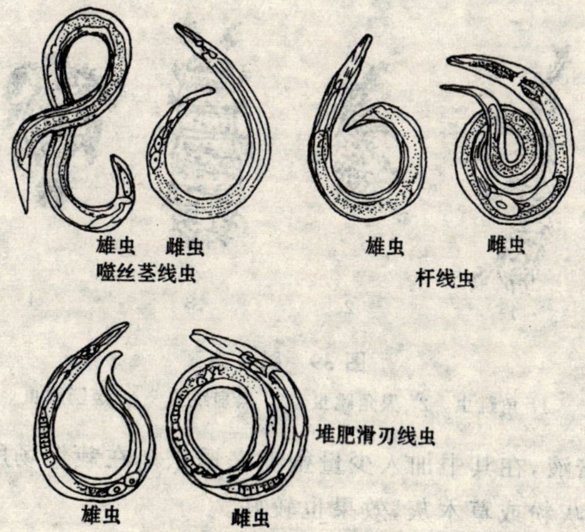

图 38 线 虫

通风换气管理。采收时，清除烂菇和杂物，特别是对掉在地面上的菇脚，要及时清除。若出现线虫，可用 0.5% 的石灰水或 1% 的食盐水，喷洒几次，将线虫杀死。

3. 跳 虫

跳虫又叫烟灰虫。是一种属弹尾目的昆虫。密集时形似烟灰，故又称烟灰虫(图 39)。幼虫白色，成虫灰蓝色，有灵活的尾部，弹跳如蚤。跳虫繁殖极快，每年可繁殖 6～7 代。

【发生与危害】 跳虫多发生在垃圾和堆肥中，常聚集在菇房潮湿阴暗处，危害菌丝和咬食子实体。跳虫发生时，会聚集在子实体上为害，使子实体枯萎死亡。

【防治方法】 在出菇之前，可喷洒 0.1% 的鱼藤精或除虫菊酯 1 500～2 000 倍液杀虫。在出菇期间，可采取用敌敌畏

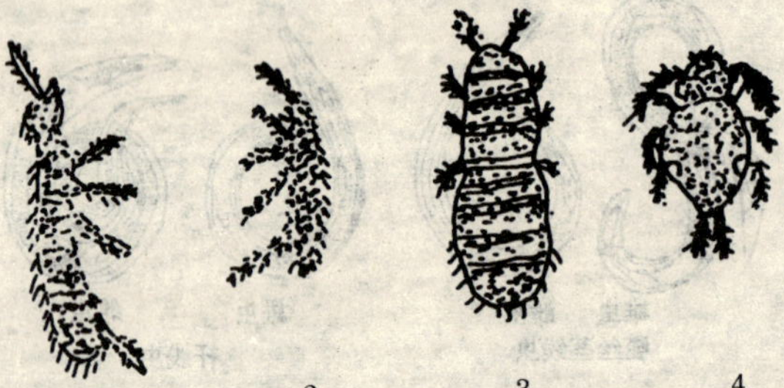

图 39 跳 虫

1. 角跳虫 2. 黑角跳虫 3. 黑扁跳虫 4. 姬圆跳虫

1 000 倍液，在其中加入少量蜜糖来诱杀。在栽培场所内撒上一些石灰粉或草木灰，效果也较好。

4. 蛞 蝓

蛞蝓，又叫水蜒蚰。是一种软体动物（图 40），属腹足纲，根眼目，蛞蝓科。它无外壳，身体裸露。

【发生与危害】 蛞蝓喜在阴暗潮湿的环境中生活，夜晚出来活动，咬食子实体和菌丝，造成子实体上出现凹坑，在其经过之处，留下一道白色粘液，影响子实体的质量。

【防治方法】 按照 1：50：50 的比例，将砷酸钙、麸皮和水做成毒饵，放在姬松茸菌房周围诱杀蛞蝓。或者在傍晚用来苏儿或石灰粉，撒在蛞蝓活动场所，每隔 3～4 天撒一次，可杀灭蛞蝓。发现蛞蝓后，还可用 5%的盐水或 5%的碱液直接滴杀，或者用人工捕杀。

5. 菌 蝇

菌蝇是属于双翅目果蝇科的昆虫。主要种类有食菌果蝇、黑腹果蝇、布氏果蝇和二点果蝇等(图 41)。

【发生与危害】成虫具有趋光性,常栖息于腐烂水果、垃圾、食品废料以及腐烂的食用菌上。它不危害菌丝。但它在培养料上产卵后,孵出的幼虫取食菌丝,使菌丝消失。

【防治方法】①在培养菌袋和栽培之前,在场地喷洒敌敌畏或功夫或溴氰菊酯 3 000 倍液等农药杀虫。

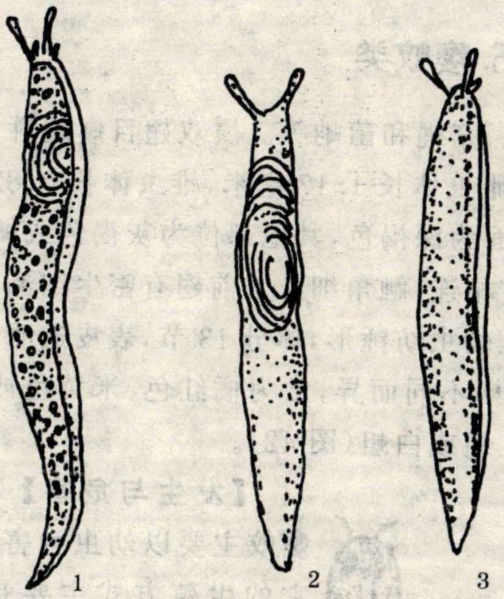

图 40 蛞 蝓

1. 黄蛞蝓 2. 野蛞蝓

3. 双线嗜粘液蛞蝓

②由于幼虫常常处在培养料中,很难被杀死,因此在成虫出现时,要及时杀灭。成虫的防治除了喷洒农药来杀灭外,还可采用"杀虫灯"来诱杀。杀虫灯是根据菌蝇有趋光性而制成的。当其飞向杀虫灯时,因触及高压电网而死亡。

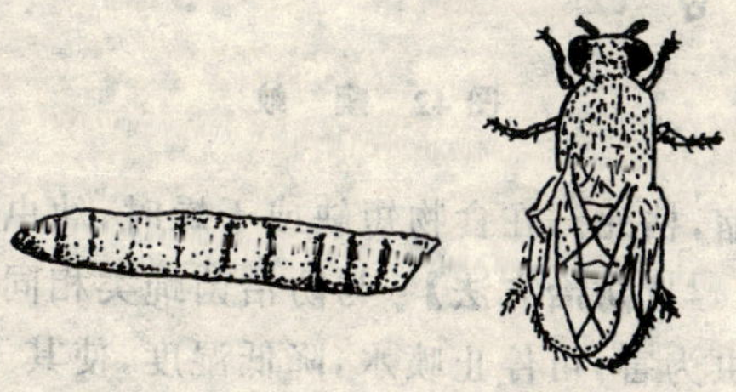

图 41 菌 蝇

③将酒∶糖∶醋∶水=1∶2∶3∶4 的糖醋液,或烂水果,或加入少许敌敌畏的酒精,放入盘中,在晚上置灯下诱杀。

6. 瘿蚊类

瘿蚊，又称瘿蝇、菌蝇、菇蝇和菌蚋等。属双翅目瘿蚊科。成虫微弱细小，小蝇状。雌虫体长 1.17 毫米，雄虫体长 0.82 毫米。成虫头部、胸部背面为深褐色，其他部位为灰褐色或橘红色。头小，复眼大，左右相连，触角细长。前翅有密生细毛，透明。后翅退化为平衡棒。幼虫纺锤形，体分 13 节，表皮透明，无足，体色因环境或发育期不同而异，常为橘红色、米黄色或白色。有的菇农称它为红蛆或白蛆（图 42）。

图 42　瘿　蚊

【发生与危害】 瘿蚊主要以幼虫为害。它的生殖方式主要是产生幼虫，在温、湿度适宜的条件下，一昼夜之间可无性繁殖出大量的幼虫。幼虫取食菌丝体和子实体幼菇，造成菌丝消失；或在菌柄蛀孔，严重时使幼菇萎缩，枯死。在食物短缺或干燥时，幼虫会停食和化蛹。

【防治方法】 与防治菌蝇类相同。另外，如果发现瘿蚊幼虫为害，可停止喷水，降低湿度，使其干燥，幼虫即可停止生殖和因缺水而死亡。

7. 眼蕈蚊类

眼蕈蚊又叫尖眼蕈蚊。属双翅目眼蕈蚊科。成虫褐色，雄虫体长 27～29 毫米。头部复眼光裸无毛，触角有 16 节，长约

1.5毫米。触角和足为褐色，胸部暗褐色，翅膀灰色，翅脉淡褐色，平衡棒褐色。雌虫体长3.6～4.4毫米，腹部狭长（图43）。

图43　眼蕈蚊

【发生与危害】　以幼虫为害。幼虫取食菌丝，在培养料中将菌丝吃成丝状或无数孔洞。幼虫还取食子实体，在子实体表面形成许多凹槽，排出大量粪便，大大降低商品价值。

【防治方法】

①搞好环境卫生，在栽培前喷杀虫剂，杀灭场地内害虫。

②利用灯光诱杀或黄色胶板引诱粘杀。晚上在菇房放一盏黑光灯或普通灯，灯下放一盘水，在水中加入0.1%敌敌畏，进行灯光诱杀。有一种专用于害虫诱杀的粘胶板，在菇房内各个部位，挂一张胶粘板引诱成虫，使其被粘在板上后死亡。但使用时不要让粘胶板被淋湿，以免粘性下降无法粘着害虫。

③在出菇期虫口密度大时，应喷施对子实体无药害的农药，如2.5%溴氰菊酯1 500～2 000倍液等。

④在菇房内挂上杀蚊灯，利用成虫的趋光性，使它在飞向灯光时，接触灯管周围的高压电网而死亡。

后　　记

编著者工作单位，是专门从事食用菌、药用菌菌种选育、栽培、产品加工研究和开发的科研单位。为了开发利用姬松茸，本单位愿为广大生产者提供姬松茸母种、原种和栽培种，以及产品销售等服务。

单位：四川省农业科学院食用菌开发研究中心
地址：四川成都市外东静居寺路 20 号
邮编：610066
联系电话：(028)4791165

附　录

附录一　食用菌卫生管理办法

（中华人民共和国卫生部 1986 年 12 月 9 日发布，1987 年 1 月 1 日实施）

第一条　为贯彻预防为主的方针和执行《中华人民共和国食品卫生法(试行)》，加强食品卫生管理，提高食用菌的卫生质量，保障人民身体健康，特制订本办法。

第二条　本办法管理范围系指蘑菇、香菇、草菇、木耳、银耳、鸡纵、猴头菌等鲜、干食用菌及其制品。

第三条　为防治病虫害，使用药物消毒杀虫时，仅能用于菇房，并应严格掌握用量。严禁使用 1605、1059、666、DDT、汞制剂、砷制剂等高残毒或剧毒农药。

第四条　栽培食用菌使用的材料，应报请当地食品卫生监督部门审查，符合卫生要求，方能生产销售。

第五条　食用菌制品，使用添加剂应符合现行的《食品添加剂使用卫生标准》，原料用水应符合现行的《生活饮用水卫生标准》。

第六条　食用菌生产购销部门，必须加强毒、食菌鉴别知识的宣传，建立质量检验制度，对食用菌要做到专人负责，分类收购，严格检查，防止毒菌混入，严禁掺假、掺杂。

第七条　食用菌的包装、贮存、运输必须符合卫生要求，严禁使用装过农药、化肥及其它有毒物质的容器包装，严禁与农药、化肥、中草药材和其它杂物混堆、混运。

第八条　为了加强食品卫生管理，食品卫生监督机构可以向生产、销售等单位，根据需要无偿采取样品检验，并给予正式收据。

附录二 鲜食用菌卫生标准 GB7079—86

Hygienic Standard of Fresh Edible Fungi

本标准适用于鲜食用菌。

1. 感观指标

具有鲜食用菌正常的商品外形及固有的色泽、气味。不得混有非食用菌，无异味，无腐败变质。

2. 理化指标

理化指标见下表。

项 目	指 标	项 目	指 标
砷(mg/kg 以 As 计)≤	0.5	六六六(mg/kg)≤	0.1
铅(mg/kg 以 Pb 计)≤	1.0	滴滴涕(mg/kg)≤	0.1
汞(mg/kg 以 Hg 计)≤	0.1		

附加说明

本标准由全国卫生标准技术委员会食品卫生标准分委员会提出，由卫生部食品卫生监督检验所归口。

本标准由四川省卫生防疫站起草。

本标准主要起草人：杨仲亚、毛朝明。

附录三 干食用菌卫生标准 GB7096—86

Hygienic Standard for Dried Edible Fungi

本标准适用于干食用菌

1. 感观指标

具有干食用菌正常的商品外形及固有色泽、香味，不得混有非食用菌，无异味，无霉变，无虫蛀。

2. 理化指标

理化指标见下表。

项　目	指　标	项　目	指　标
砷(mg/kg,以 As 计)(以干重计)≤	1.0	滴滴涕(mg/kg)(以干重计)≤	0.1
铅(mg/kg,以 Pb 计)(以干重计)≤	1.0	汞(mg/kg,以 Hg 计)人工栽培干食用菌≤	0.2
六六六(mg/kg)(以干重计)≤	0.2		

附加说明

本标准由全国卫生标准技术委员会食品卫生标准分委员会提出，由卫生部食品卫生监督检验所归口。

本标准由四川省卫生防疫站起草。

本标准主要起草人杨仲亚、毛朝明。

附录四　农作物秸秆及副产品化学成分　(%)

种　类	水　分	粗蛋白质	粗脂肪	粗纤维(含木质素)	无氮浸出物	粗灰分
一、秸秆类						
稻　草	13.4	1.8	1.5	28.0	42.9	12.4
小麦草	10.0	3.1	1.3	32.6	43.9	9.1
大麦草	12.9	6.4	1.6	33.4	37.8	7.9
玉米秆	11.2	3.5	0.8	33.4	42.7	8.4
高粱秆	10.2	3.2	0.5	33.0	48.5	4.6
黄豆秆	14.1	9.2	1.7	36.4	34.2	4.4
棉　秆	12.6	4.9	0.7	41.4	36.6	3.8
棉铃壳	13.6	5.0	1.5	34.5	39.5	5.9
甘薯藤(鲜)	89.8	1.2	0.1	1.4	7.4	0.2
花生藤	11.6	6.6	1.2	33.2	41.3	6.1

续附录四

种类	水分	粗蛋白质	粗脂肪	粗纤维（含木质素）	无氮浸出物	粗灰分
二、副品类						
稻壳	6.8	2.0	0.6	45.3	28.5	16.9
统糠	13.4	2.2	2.8	29.9	38.0	13.7
洗米糠	9.0	9.4	15.0	11.0	46.0	9.6
麸皮	12.1	7.92	1.62	6.57	59.26	4.35
玉米芯	8.7	2.0	0.7	28.2	58.4	20.0
花生壳	10.1	7.7	5.9	59.9	10.4	6.0
玉米糠	10.7	8.9	4.2	1.7	72.6	1.9
高粱壳	13.5	10.2	13.4	5.2	50.0	7.7
豆饼	12.1	35.9	6.9	4.6	34.9	5.1
豆渣	7.4	27.7	10.1	15.3	36.3	3.2
菜籽饼	4.6	38.1	11.4	10.1	29.9	5.9
芝麻饼	7.8	39.4	5.1	10.0	28.6	9.1
酒糟	16.7	27.4	2.3	9.2	40.0	4.4
淀粉渣	10.3	11.5	0.71	27.3	47.3	2.9
蚕豆壳	8.6	18.5	1.1	26.5	43.2	3.1
废棉	12.5	7.9	1.6	38.5	30.9	8.6
棉仁粕	10.8	32.6	0.6	13.6	36.9	5.6
花生饼		43.8	5.7	3.7	30.9	
三、谷粒、薯类						
稻谷	13.0	9.1	2.4	8.9	61.3	5.4
大麦	14.5	10.0	1.9	4.0	67.1	2.5
小麦	13.5	10.7	2.2	2.8	68.9	1.9
黄豆	12.4	36.6	14.0	3.9	28.9	4.2
玉米	12.2	9.6	5.6	1.5	69.7	1.0
高粱	12.5	8.7	3.5	4.5	67.6	3.2
小米	13.3	9.8	4.3	8.5	61.9	2.2
马铃薯	75.0	2.1	0.1	0.7	21.0	1.1
甘薯	9.8	4.3	0.7	2.2	80.7	2.3

续附录四

种类	水分	粗蛋白质	粗脂肪	粗纤维（含木质素）	无氮浸出物	粗灰分
四、其他						
血粉	14.3	80.4	0.1	0	1.4	3.8
鱼粉	9.8	62.6	5.3	0	2.7	19.6
蚕粪	10.8	13.0	2.1	10.1	53.7	10.3
槐树叶粉		18.4	2.6	9.5	42.5	15.2
松针粉		9.4	5.0	29.0	37.4	2.5
木屑		1.5	1.1	71.2	25.4	
蚯蚓粉	12.7	59.5	3.3		7.0	17.6
芦苇		7.3	1.2	24.0		12.2
棉籽壳		4.1	2.9	69.0	2.2	11.4
蔗渣		1.5	0.7	44.5	42.0	2.9

附录五　各种原料的碳氮比(C/N)

原料种类	含氮量(%)	含碳量(%)	碳氮比(C/N)	原料种类	含氮量(%)	含碳量(%)	碳氮比(C/N)
稻草	0.69	43.79	63.5	高粱壳	0.72	32.90	45.7
谷壳	0.64	41.64	65.1	葵花籽壳	0.82	49.80	60.7
小麦秆	0.48	47.03	98.0	甘蔗渣	0.63	53.07	84.2
大麦秆	0.64	47.09	73.6	甜菜渣	1.70	56.50	33.2
燕麦秆	0.54	47.09	87.2	啤酒糟	6.00	47.70	8.0
大豆秆	2.44	49.76	20.4	高粱酒糟	3.94	37.12	9.4
玉米秆	1.67	43.30	25.9	豆腐渣	7.16	9.45	1.3
玉米粉	2.28	52.92	23.2	干草	1.72	49.76	28.9
棉籽壳	2.03	56.00	27.6	野草	1.55	46.69	30.1

续附录五

原料种类	含氮量(%)	含碳量(%)	碳氮比(C/N)	原料种类	含氮量(%)	含碳量(%)	碳氮比(C/N)
木　屑	0.10	49.18	491.8	牛　粪	1.78	38.57	21.7
麸　皮	2.20	44.74	20.3	羊　粪	0.75	18.21	24.3
米　糠	2.08	41.20	19.8	猪厩肥	0.45	25.00	55.6
豆　饼	6.71	45.42	6.8	鸡　粪	1.65	14.79	9.0
花生饼	6.32	51.33	8.1	鸭　粪	1.10	15.20	13.8
花生麸	6.39	28.77	4.5	尿　素	46.0		
马　粪	0.58	12.24	21.1	硫酸铵	21.0		

附录六　姬松茸培养料加水量表

要求达到的含水量(%)	每100千克干料应加入的水(升)	料水比(料：水)	要求达到的含水量(%)	每100千克干料应加入的水(升)	料水比(料：水)
50.0	74.0	1：0.74	55.0	93.3	1：0.93
50.5	75.8	1：0.76	55.5	95.5	1：0.96
51.0	77.6	1：0.78	56.0	97.7	1：0.98
51.5	79.4	1：0.79	56.5	100.0	1：1.00
52.0	81.3	1：0.81	57.0	102.3	1：1.02
52.5	83.2	1：0.83	57.5	104.7	1：1.05
53.0	85.1	1：0.85	58.0	107.1	1：1.07
53.5	87.1	1：0.87	58.5	109.6	1：1.10
54.0	89.1	1：0.89	59.0	112.2	1：1.12
54.5	91.2	1：0.91	59.5	114.8	1：1.15

续附录六

要求达到的含水量(%)	每100千克干料应加入的水(升)	料水比(料:水)	要求达到的含水量(%)	每100千克干料应加入的水(升)	料水比(料:水)
60.0	117.5	1:1.18	63.0	135.1	1:1.35
60.5	120.3	1:1.20	63.5	138.4	1:1.38
61.0	123.1	1:1.23	64.0	141.7	1:1.42
61.5	126.0	1:1.26	64.5	145.1	1:1.45
62.0	128.9	1:1.29	65.0	148.6	1:1.49
62.5	132.0	1:1.32	65.5	152.2	1:1.52

注：

1. 风干培养料含结合水以13%计；

2. 每100千克干料应加入的水计算公式：

$$\text{每100千克干料应加入的水}=\frac{\text{要求达到的含水量}-\text{风干培养料含结合水量}}{1-\text{要求达到的含水量}}\times 100(\text{升})$$

附录七　常用消毒剂使用表

品　名	使用浓度	配制方法	用　　途	注意事项
乙　醇（酒精）	75%	95%乙醇75毫升，加水20毫升	手、器皿、接种工具及分离材料等的表面消毒 防治对象：细菌、真菌	易燃。防着火
苯　酚（石炭酸）	3%～5%	95～97毫升水中，加入苯酚3～5克	空间及物体表面消毒 防治对象：细菌、真菌	防止腐蚀皮肤
来苏儿	2%	50%来苏儿40毫升，加水960毫升	皮肤及空间、物体表面消毒 防治对象：细菌、真菌	配制时勿使用硬度高的水

续附录七

品　名	使用浓度	配制方法	用　途	注意事项
甲　醛	5%或原液，每立方米空间10毫升熏蒸	40%甲醛溶液12.5毫升，加蒸馏水87.5毫升	空间及物体表面消毒 原液加等量的高锰酸钾 混合或加热熏蒸 防治对象：细菌、真菌	刺激性强，注意皮肤及眼睛的保护
新洁尔灭	0.25%	5%新洁尔灭50毫升，加蒸馏水950毫升	用于皮肤、器皿及空间消毒 防治对象：细菌、真菌	不能与肥皂等阴离子洗涤剂同用
高锰酸钾	0.1%	高锰酸钾1克，加水1000毫升	皮肤及器具表面消毒 防治对象：细菌、真菌	随配随用，不宜久放
过氧乙酸	0.2%	20%过氧乙酸2毫升，加蒸馏水98毫升	空间喷雾及表面消毒 防治对象：细菌、真菌	对金属腐蚀性强，勿与碱性药品混用
漂白粉	5%	漂白粉50克，加水950毫升	喷洒、浸泡与擦洗消毒 防治对象：细菌	对服装有腐蚀和脱色作用，防止溅在服装上，注意皮肤和眼睛的保护
碘　酒	2%～2.4%	碘化钾2.5克、蒸馏水72毫升、95%酒精73毫升	用于皮肤表面消毒 防治对象：细菌、真菌	不能与汞制剂混用

续附录七

品名	使用浓度	配制方法	用途	注意事项
升汞（氯化汞）	0.1%	取1克升汞溶于25毫升浓盐酸中，加水1000毫升	分离材料表面杀菌	剧毒
硫酸铜	5%	取5克硫酸铜，加水95毫升	菌床上局部杀菌或出菇场地的杀菌 防治对象：真菌	不能贮存于铁器中
硫磺	每立方米空间15～20克	直接点燃使用	用于接种和出菇场所空间熏蒸消毒 防治对象：细菌、真菌	先将墙面和地面喷水预湿。防止腐蚀金属器皿
甲基托布津	0.1%或1∶500倍～1∶800倍	用干料重的0.1%粉剂拌料	拌料或对接种和出菇场所空间喷雾消毒 防治对象：真菌	不能用于耳类、猴头菇、羊肚菌的培养料中
多菌灵	1000倍液拌料，或500倍液喷洒	用0.1%～0.2%的水溶液拌料	用于拌料或喷洒床畦消毒 防治对象：真菌、半知菌	在耳类、猴头菇、羊肚菌等培养料中禁用
气雾消毒剂	每立方米2～3克	直接点燃熏蒸	用于接种室、培养室和菇房熏蒸消毒 防治对象：细菌、真菌	易燃。对金属有腐蚀作用

附录八　常用杀虫剂使用表

名　称	防治对象	用法与用量
甲　醛	线　虫	5%溶液喷洒，每立方米覆土用250～500毫升
石炭酸	害虫、虫卵	3%～4%的水溶液喷洒环境
敌敌畏	菇蝇、螨虫	0.5%药液喷洒。但不能在出菇期间用药，以免引起药害
漂白粉	线　虫	0.1%～1%混悬液喷洒
二嗪农	菇蝇、瘿蚊	每吨料用20%乳剂57毫升喷洒
马拉硫磷	双翅目昆虫、螨类	0.15%水溶液喷洒
除虫菊酯类	菇蝇、菇蚊、蛆	见商品说明书，3%的乳油稀释500～800倍喷雾
磷化铝	各种害虫	每立方米用3片（约9克）密封熏蒸杀虫
鱼藤精	菇蝇、跳虫	0.1%水溶液喷雾
食　盐	蜗牛、蛞蝓	5%的水溶液喷雾
对二氯苯	螨　类	每立方米50克熏蒸
杀螨砜	螨类、小马陆弹尾虫	1：800～1 000倍的水溶液喷雾
溴氰菊酯	尖眼菌蚊、菇蝇、瘿蚊等	用2.5%药剂稀释300～400倍喷洒
天王星	螨类、白蚁	2.5%乳油稀释1500倍喷洒，若提前半小时喷红糖液，再喷洒效果更佳
呋喃丹	各种地下害虫	洒于菌畦上杀虫
米乐尔	各种地下害虫	用于菌畦上杀虫

主要参考文献

1 岩出亥之助,伊藤均. 奇跡の姫マツタケ. 地球社. 1982

2 人間の科学社編集部編集. 理想の 食薬—ヒメマツタケ. 有限会社人間の科学社,1986

3 甲裴良一 . ヒメマツタケの秘密. 廣濟堂出版,1983

4 きのこの技術集談会編集委員会編. きのこの基礎科学と最新技術. 農村文化社,1991

5 黄年来等编著 . 18 种珍稀美味食用菌栽培 . 中国农业出版社,1997

6 黄年来. 姬松茸及药效 . 江苏食用菌 . 1994,(3) : 20～30

7 黄年来. 姬松茸及药效 . 江苏食用菌 . 1994,(4) : 30～31

8 江枝和,朱丹,杨佩玉等. 姬松茸生物学特性研究. 食用菌学报. 1996, 3(3) : 5～12

9 种藏文,陈体强,李开本等. 福建产巴西蘑菇的营养成分. 食用菌学报. 1999,6(2) : 53～56

10 王波, 鲜灵编著. 田间种菇新技术. 中国农业出版社,1999

11 商业部昆明食用菌研究所 . 中国食用菌. 1993～1999

12 上海农业科学院情报研究所 . 食用菌. 1994～1999